湖北省

单双季稻丰产增效技术规程

◎ 程建平　张枝盛　王贵春　主编

中国农业科学技术出版社

图书在版编目（CIP）数据

湖北省单双季稻丰产增效技术规程 / 程建平，张枝盛，王贵春主编. --北京：中国农业科学技术出版社，2021.8

ISBN 978-7-5116-5411-3

Ⅰ.①湖… Ⅱ.①程… ②张… ③王… Ⅲ. 水稻栽培-栽培技术 Ⅳ.①S511

中国版本图书馆 CIP 数据核字（2021）第 144376 号

责任编辑 穆玉红 李美琪
责任校对 李向荣
责任印制 姜义伟 王思文

出 版 者 中国农业科学技术出版社
北京市中关村南大街 12 号 邮编：100081
电 话 (010)82109707(编辑室) (010)82109702(发行部)
(010)82109709(读者服务部)
传 真 (010)82106626
网 址 http://www.castp.cn
经 销 者 各地新华书店
印 刷 者 北京建宏印刷有限公司
开 本 170 mm×240 mm 1/16
印 张 10
字 数 181 千字
版 次 2021 年 8 月第 1 版 2021 年 8 月第 1 次印刷
定 价 60.00 元

《湖北省单双季稻丰产增效技术规程》
编　委　会

主　编　程建平　湖北省农业科学院粮食作物研究所

张枝盛　湖北省农业科学院粮食作物研究所

王贵春　湖北省农业科学院农业经济技术研究所

副主编（以姓氏笔画为序）

卢碧林　长江大学

江　洋　华中农业大学

杨晓龙　湖北省农业科学院粮食作物研究所

李　阳　湖北省农业科学院粮食作物研究所

汪本福　湖北省农业科学院粮食作物研究所

陈展鹏　湖北省黄冈市农业科学院

彭成林　湖北省农业科学院植保土肥研究所

谢　磊　湖北省荆州农业科学院

目　　录

水稻机械精量穴直播栽培技术规程

前　言

水稻机直播具有作业效率高、节本省工、操作简便、肥水利用率高和改善生态环境等优点。近年来，随着农村劳动力逐渐开始向二、三产业转移，农民对机械化的要求迫切。国家开始重视对农业的投入，水稻价格也有了较大幅度的提高，农民种植水稻的积极性高涨。随着高产抗倒伏稻种的育成与高效无公害除草剂的成功研制，水稻机直播在我国发展势头较好。特别是水稻精量穴直播机可同步进行开沟、起垄和播种，垄面上的播种小沟增加了水稻根系的入土深度，较好地解决了一般直播稻播种在泥面上而根系入土较浅容易倒伏和早衰的问题；每穴播种量可调，行距可选，穴距可调，可控制水稻高产栽培的播种量和基本苗数，提高了成苗率。但由于缺乏统一规范的栽培技术标准，使生产和管理缺乏依据，妨碍了直播水稻的健康发展。因此，研究制定水稻机械精量穴直播栽培技术规程，对于发展和规范湖北省的直播水稻生产，确保粮食安全具有重大的现实意义和历史意义。

1　范围

本规程规定了水稻精量机械穴直播栽培技术的术语和定义、基本要求、作业流程、品种选择、种子处理、施肥要求、耕整地、机具调试、播种、田间管理。

本规程适用于湖北省水直播稻区。

2　规范性引用文件

下列文件对于本文件的应用是必不可少的。凡是注日期的引用文件，仅

所注日期的版本适用于本文件。凡是不注日期的引用文件，其最新版本（包括所有的修改单）适用于本文件。

GB 4285—1989　农药安全使用标准

GB/T 8321（所有部分）农药合理使用准则

GB 4404.1—2008　粮食作物种子　第 1 部分：禾谷类

GB/T 3543.4—1995　农作物种子检验规程发芽试验

GB/T 17891—1999　优质稻谷

NY/T 496—2002　肥料合理使用准则

NY/T 739—2003　谷物播种机械作业质量

NY/T 1143—2006　播种机质量评价技术规范

DB32/T 073—2005　农业机械安全操作规程

DB3201/T 122—2008　水稻直播生产技术操作规程

3　术语和定义

下列术语和定义适用于本标准。

3.1　直播稻 direct seeding rice

指直接将稻种播于本田而省去育秧和移栽环节这一种植方式所生长的水稻。

3.2　水稻精量穴直播机 machine of precision rice hill-drop drilling

是一种水稻专用播种机械，其播种穴距、行距均可按照水稻种植农艺要求调整，即能按照水稻大田生产要求，将破胸露白的水稻芽谷种子，成穴等距均匀播于田间，每穴种子的数量按照水稻生产要求调整，杂交稻（3±1）粒，常规稻（5±1）粒。

3.3　排种量 amount of discharge seed

排种器在单位时间内排出种子的数量或质量。

3.4　水稻机械精量穴直播播种技术 technology of precision rice hill-drop drilling

指将破胸露白的水稻芽谷种子，采用专用播种机械，按照水稻大田生产要求成穴等距均匀播于田间，每穴种子的数量按照水稻生产要求调整，并且控制其数量变化范围。

3.5 水稻机械精量穴直播栽培技术 cultural practice of precision rice hill-drop drilling

指采用水稻机械精量穴直播播种技术，按照规程进行品种选择、种子处理、耕整地、机具调试、播种和田间管理的一种栽培技术。

4 基本要求

4.1 直播的种子

直播的种子应符合 GB 4404.1—1996 中规定的良种级标准，纯度不低于 98.0%、发芽率不低于 85.0%、水分不高于 13.0%。

4.2 水稻精量机械穴直播机械

水稻精量机械穴直播机械应符合 NY/T 739—2003 和 NY/T 1143—2006 标准。

5 作业流程

作业流程见图 1。

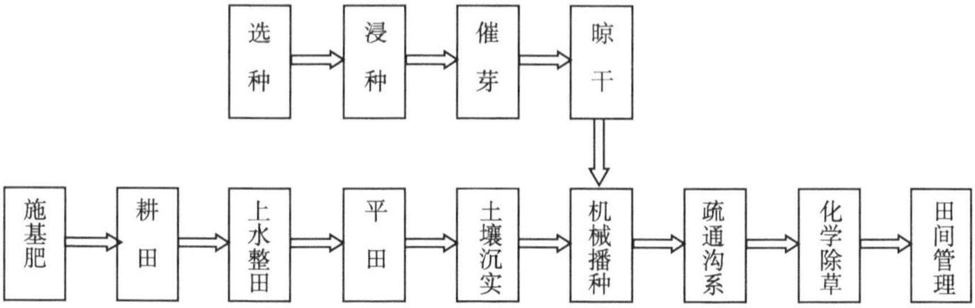

图 1　水稻精量机械穴直播作业流程

6 田块选择与耕整地要求

6.1 田块选择

宜选择恶性杂草基数低、保水性好、灌溉方便、平整度好的田块。田面基本无杂草、无杂物、无残茬等残留物。泥土要求下粗上细，细而不糊，上软下实。

6.2 耕地

播前采用带水旋耕，耕深 100~150mm。

6.3 平田和沉实

田间留薄层水，用驱动耙、人工或水田激光平地机平整田块；整地后田面要平整，田块表面高低不超过 30mm。平整后的田块保持田面湿润，无积水。视土质情况需沉淀不少于 24h，但不宜板结。

7 品种选择

根据不同茬口、品种特性及安全齐穗期，选择适合当地种植的分蘖好、根系发达、耐肥抗倒、抗逆性、耐寒性和抗病性强的稳产、高产穗粒兼顾型优质水稻品种。前熟茬口迟的选用早熟品种，前熟茬口早的选用中晚熟品种。

8 种子处理

8.1 晒种

晒种 1~2d，对有芒的种子进行脱芒。

8.2 选种

按 GB/T 3543.4—1995 进行发芽试验。发芽势不低于 85%，发芽率不低于 90%。采用风选、清水选或盐水选（盐水比重为 1.06~1.12）方式选种，去除瘪粒和带枝梗的谷秆杂物。盐水选种后应立即用清水淘洗，清除谷壳外盐分。选用已经处理过的商品种可不进行风选或盐水选。

8.3 浸种

将消毒处理过的种子进行清水浸种，使种子吸足水分。浸种时间长短视气温而定，早稻浸种 3~4d，中稻早稻浸种 3d，晚稻浸种 2d。浸种要求经常换水，最好是流水浸种。杂交稻可采用间歇浸种或热水浸种。采用药剂浸种的遵照有关药剂使用要求浸种。

8.4 催芽

将吸足水分的种子进行催芽至破胸，温度控制在 35~38℃，进行翻拌，保持谷堆上、下、内、外温度一致，使稻种受热均匀，促进破胸整齐迅速。早、中稻催芽实行保温催芽，晚稻催芽实行“三浸三滤”（昼浸夜滤）。催芽标准为破胸露白率达 90%以上。催芽后置阴凉处晾干至内湿外干易散落状态。

9 播种及机具调试

9.1 播期

根据直播稻的品种特性、茬口（早、中、晚稻）和当地气温确定播期。

9.2 播量与穴距

按照品种特性、基本苗要求、播期和田间成苗率计算播量与调整穴距，以保证每亩的基本苗。

9.3 安装检查

在播种前，按照使用说明书要求对直播机及配套动力进行检查并安装调试好，使各部位运转正常，保证机械处于良好的技术状态。

9.4 排种量的调整

首先在平坦的地方、在正常的作业速度下使机器空运转 3~5min，然后根据不同品种进行每穴排种粒数的调整。调整好后，按要求锁定调整机构，以防作业时松动。

9.5 移苗补缺

对机播后出现的缺苗断行现象，在秧苗 4~5 叶时进行移密补稀，促进平衡生长。

10 田间管理

10.1 施肥技术

10.1.1 施肥原则

符合 NY/T 496—2002 肥料合理使用准则规定，增施有机肥，平衡配方施肥。

10.1.2 施肥数量和施用比例

中稻总施肥量每亩纯 N 14~16kg、P_2O_5 8kg、K_2O 8kg。早晚稻总施肥量每亩（1 亩≈667m^2，全书同）纯 N 10~12kg。

在施氮肥总量中，基肥占 40%~50%，分蘖肥占 10%~15%，穗粒肥占 40%~45%；在施磷肥总量中，基肥占 60%~70%，穗粒肥占 30%~40%；在施钾肥总量中，分蘖肥和穗粒肥各占 50%。

10.1.3 施用方式

10.1.3.1 基肥

结合整地，施用 25%有机无机复合肥（N：P_2O_5：K_2O = 10：8：7）60kg/亩、普钙 50kg/亩。增施微肥，每亩增施 1 包（200g）大粒锌和 1 包（4kg）大粒硅、1 包（200g）持力硼，整田时施入。

10.1.3.2 分蘖肥

3 叶期施用尿素和氯化钾各 5kg/亩。也可结合第二次化学除草，将除草剂和化肥同时施用，施后保水 3~5d。

10.1.3.3 穗肥

中稻穗肥的施用应据叶色苗情适时适量。在叶色褪淡的基础上，倒 3.5~2.5 叶时施用 40%高浓度复合肥（N：P_2O_5：K_2O = 18：9：12）15kg/亩促花肥。在叶色褪淡的前提下，倒 1.5~1 叶时施用尿素 5kg/亩的保花肥。

10.1.3.4 粒肥

中稻粒肥每亩施尿素和氯化钾各 3kg，见穗施。同时在抽穗前 3~5d 和齐穗后结合病虫防治，叶面喷施尿素和磷酸二氢钾 2~3 次，每次每亩用尿素 500g、磷酸二氢钾 150g 加速乐硼 50g 兑水 50kg 于 15 时至傍晚前喷施，每两次之间间隔 7~10d。

10.2 水分管理技术

浅水耕地耙田平田，排水沉淀 24h 后机械播种。

播种 4d 后灌“跑马水”，保持地面湿润至 20d。浅水补苗、保持田间薄水层 5d。保持地面湿润分蘖至足苗。

总苗数达到预定数量时开始晒田，晒田至幼穗分化 2 期。晒至田面硬板、田面龟小缝、分蘖受到抑制时再覆水。晒田以“轻晒、勤晒”为主，高峰苗数控制在成穗数的 1.2~1.5 倍。

灌薄层水并施幼穗分化肥，保持地面湿润至始抽穗。抽穗扬花期保持田间薄水层 5d 以上。

灌浆结实期保持湿润灌溉，直至成熟。断水不宜早于 5~7d。

10.3 除草技术

10.3.1 化学除草

在播种后立苗前放干田水，每亩用 60%丁草胺乳油 100mL 加水 40kg，或用 30%丙草胺（扫弗特）乳油 75mL 兑水 40~50kg 喷雾；在直播稻四叶期，每亩用 50%二氯喹啉酸（快杀稗）乳油 200mL 兑水 35kg 喷雾，并灌好促蘖水。

10.3.2 人工除草

对残留下来的零星杂草，用人工拔除。

10.4 病虫害防治技术

10.4.1 防治原则

符合 GB 4285 农药安全使用标准要求。禁止使用高毒高残留农药。注意不同作用机理的农药交替使用和合理混用，提高防治效果。

10.4.2 防治方法

秧苗返青后做到常检查、勤观察，适时防治苗期立枯病、稻蓟马、稻瘿蚊、稻水象甲等病虫害。

中后期主要针对稻纵卷叶螟、稻飞虱、螟虫、纹枯病、稻曲病、稻瘟病等病虫害进行防治。机械精量穴直播水稻常见病虫害防治准则见表 1。

表 1 精量机械穴直播水稻常见病虫害防治准则

病虫	防治时期	防治药剂及用量【g、mL（有效成分）/hm^2】	用药方法
稻瘿蚊	成虫盛发至卵孵化高峰期	敌百虫 450~900；乐果 375~450	毒土撒施
稻蓟马	秧田卷叶株率 15%，百株虫量 200 头；大田卷叶株率 30%，百株虫量 300 头	吡虫啉 30~45；啶虫脒 9~13.5；乐果 375~450	喷雾
稻水象甲	百穴有成虫 30 头以上	杀虫双 750；噻虫腈 7.5~15；乙酰甲胺磷 750	喷雾
褐飞虱	卵孵高峰至 1~2 龄若虫期	噻嗪酮 112.5~187.5；毒死蜱 450~600、600~720（大发生时）；氟虫腈 30~37.5；噻虫嗪 7.5~15；异丙威 450~600；吡蚜酮 60~75	喷雾
白背飞虱	卵孵高峰至 1~2 龄若虫期	吡虫啉 15~30；噻嗪酮 112.5~150；毒死蜱 360~600；异丙威 450~600	喷雾
稻纵卷叶螟	卵孵盛期至 2 龄幼虫前	毒死蜱 600~720；氟虫腈 30~37.5；呋喃虫酰肼 150~180；丙溴磷 600~720；杀虫双或杀虫单 810~1 080；苏云金杆菌（8 000IU/mg）3 750~4 500；25%毒三唑乳油 300~450	喷雾
二化螟	卵孵高峰期	三唑磷 300~450；氟虫腈 30~37.5；毒死蜱 450~600；杀虫单 675~945	喷雾
三化螟	卵孵盛期	三唑磷 300~450；氟虫腈 30~37.5；杀螟丹 600~750；杀虫单 675~945	喷雾
稻叶蝉	卵孵高峰至 1~2 龄若虫期	异丙威 900~1 200；敌百虫 450~900；乐果 375~450；噻虫腈 15~22.5；艾美乐 31.5~47.25	喷雾
秧苗立枯病	水稻秧苗 2~3 叶期	广枯灵 45~90；敌克松 875~975	喷雾
稻瘟病	发病初期	三环唑 225~300；稻瘟灵 600~800；异稻瘟净 900~1 200；春雷霉素 30~45	喷雾
纹枯病	发病初期	井冈霉素 150~187.5；苯醚甲环唑·丙环唑 67.5~90	喷雾
白叶枯病	发病前期	叶枯唑 300~375；噻森铜 300~375；	喷雾
稻曲病	破口前 3~5d	苯醚甲环唑·丙环唑 67.5~90；戊唑醇 77.4~90.3	喷雾

11 收获

当 95%左右的稻穗黄熟时，抢晴收割。有条件的地方提倡机械收割。

水稻工厂化基质育秧技术规程

前　言

水稻工厂化基质育秧是利用育秧基质，配套现代农机装备进行集约化、规模化育秧的农业生产方式，是集机械化、标准化、自动化为一体的农机与农艺融合的技术。其主要技术是通过配置专用基质营养底土后，利用自控发芽箱进行高温快速破胸、适温催芽，采用专用水稻育秧设备在育秧盘内装盘、播种、洒水、盖土、喷药，在专用大棚内铺盘育秧的先进工艺。通过水稻工厂化基质育秧培育出的秧苗均匀、健壮、整齐，为水稻机械化栽插提供标准化秧苗。在湖北及南方单、双季水稻生产地区，水稻机插是生产的主要方式之一，规范水稻工厂化基质育秧技术，对早稻、再生稻和中稻育秧能有效减轻“倒春寒”及烂秧的影响，有利于下茬作物正常按季耕种。水稻基质工厂化育秧技术是减少田间取土，减轻劳动作业强度，推广机插秧的关键，也是实现水稻生产全程机械化的关键环节。实施水稻工厂化基质育秧，对于推进粮食生产增产高效具有积极意义。

1　范围

本标准规定了水稻工厂化基质育秧技术的术语和定义、育秧准备、育秧技术及育秧标准要求。

本标准适用于湖北省早稻、再生稻和中稻工厂化基质育秧。其他相似地区也可参照使用。

2　规范性引用文件

下列文件对于本文件的应用是必不可少的。凡是注日期的引用文件，仅

注日期的版本适用于本文件。凡是不注日期的引用文件，其最新版本（包括所有的修改单）适用于本文件。

GB 4404.1　粮食作物种子　第1部分：禾谷类

NY 525—2012　有机肥料

NY/T 1534—2007　水稻工厂化育秧技术要求

NY/T 1635—2008　水稻工厂化（标准化）育秧设备　试验方法

DB42/T 847—2012　水稻工厂化育秧技术规范

3　术语和定义

下列术语和定义适用于本文件。

3.1　水稻育秧基质 rice seedling raising matrixes

为水稻秧苗提供养分和适宜酸碱度，由腐熟的作物秸秆、腐熟的畜禽粪便、蛭石、珍珠岩、菌渣和草炭等组成，具备良好保水、保肥、通气和根系固着力的混合物料。

3.2　水稻全基质育秧 rice seedling by pure raising matrixes

采用水稻育苗基质作为秧盘底土，营养土为盖籽土的育秧方式。

3.3　水稻混合基质育秧 rice seedling by matched raising matrixes

采用一定配比的水稻育苗基质和营养土作为秧盘底土，营养土为盖籽土的育秧方式。

3.4　营养土 nutritional soil

为了满足幼苗生长发育而配制的含有多种矿质营养，具有疏松通气、保水保肥能力、无病虫害的床土。一般由肥沃的大田土与腐熟厩肥混合配制而成。

4　育秧准备

4.1　种子

水稻种子质量应符合 GB 4404.1 中规定的良种级标准。

4.2 秧盘

工厂化育秧中秧盘应符合 NY/T 1534—2007 的要求。

4.3 水稻育苗基质

工厂化育秧中水稻育苗基质总养分在 26.629～32.770g/kg，其中总氮（N）在 10～20g/kg，有效磷（P）100～250mg/kg，速效钾（K）200～500mg/kg。重金属限量指标应符合 NY 525 中 4.3 的规定。

4.4 播种机

选用的育秧播种机应符合 NY/T 1635—2008 的要求，可以连续完成秧盘输送、铺土、喷水、播种、覆土等作业。

4.5 秧棚

秧棚的结构应密封保温，同时便于通风降温，有利于管理。根据环境和经济状况选用适宜的加温设备，并配合使用排风扇以适时调节温度。供暖设备工作 4h 后，温室内温度升高到 30～35℃。喷灌方式可以采用人工或微喷。采用微喷时，微喷设备工作 10.0～15.0min 后，整个大棚内湿度应达到 90.0%以上。雾粒直径达到 70.0～100.0μm。喷洒半径应达到 0.4～0.8m。

4.6 床土准备

4.6.1 采土晒土碎土

采集质地疏松、无硬杂质、无杂草（籽）、病菌少的肥沃菜园土或稻田表土。床土适时翻晒、粉碎并过筛；用土颗粒直径≤3.0mm。床土的绝对含水率≤15.0%，水分适宜，手捏成团，落地即散。

4.6.2 消毒

播种前 7d 每 1 000kg 床土用 40～60g 敌克松 100 倍溶液对床土进行消毒、堆闷，杀灭病菌。早稻、再生稻育秧床土应消毒。

4.6.3 混合基质配置

采用混合基质育苗时，将水稻育苗基质与营养土进行混配。水稻育苗基质占总量体积的 40%～60%。

4.7 秧床

按照秧田本田面积比（1∶100）~（1∶80）准备秧床。秧床表面平整，每厢横向摆放硬盘两排，盘与盘紧密排列，盘底与床面紧贴。整个床面呈南北向排列。

5 育秧技术

5.1 作业流程

水稻工厂化基质育秧技术作业流程见图1。

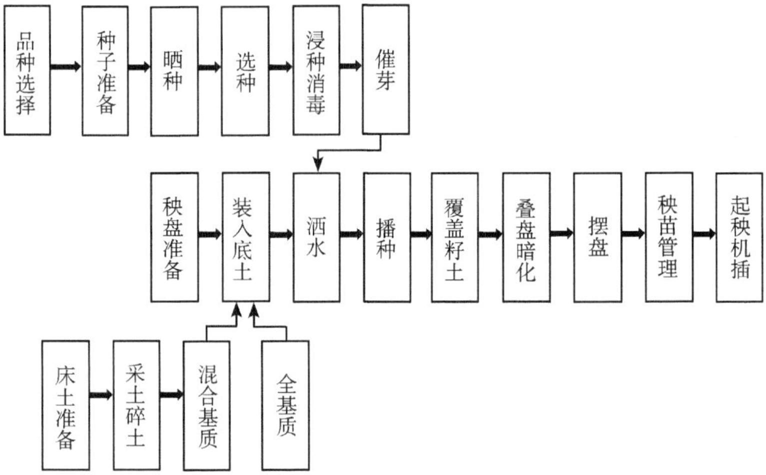

图1 水稻工厂化基质育秧技术作业流程

5.2 种子处理

5.2.1 品种选择

选择审定的、适合当地种植的品种。

5.2.2 种子处理

对种子进行晒种1~2d，种子包衣或药剂浸种，杂交种浸15~18h、常规种浸22~24h后催芽。

5.2.3 摊晾

破胸后种子摊开炼芽6~12h，干爽后待播。

5.3 播种

5.3.1 播种期

按照当地农艺要求、气候条件、水稻品种特性、秧龄、插秧机效率等因素推算播种期。早籼稻播种期3月15—25日，秧龄22~25d。再生稻播种期3月25—31日，秧龄22~25d。中稻4月20日至5月25日播种，秧龄15~22d。

5.3.2 播种量

早籼稻：杂交稻每盘播干谷80~100g，常规稻120~150g；再生稻和中稻：杂交稻每盘播干谷70~80g，常规稻90~120g。

5.3.3 覆土

使用未加壮秧剂的营养土覆盖种子，盖种厚度以不见芽谷为宜。

5.3.4 播种质量

操控好播种机的速度，均匀传输，使每盘播量均匀一致，播种均匀度合格率≥90.0%；漏播率≤5.0%；伤种率≤0.5%。秧盘底土厚度为20.0~22.0mm；播种后覆土厚度为3.0~5.0mm，以盖没芽谷为准。

5.4 育秧管理

5.4.1 叠盘暗化

从播种流水线上下来的秧盘，进入育秧棚或暗化室暗化。暗化叠盘高度不超过10个，采用薄膜及遮阳物覆盖，早稻暗化时间一般在72h，中稻暗花时间一般在48h。每24h交换上下秧盘位置，保证暗化后秧盘发芽效果一致。

5.4.2 摆放秧盘

暗化齐苗后送入温室秧架或育秧棚。在育秧棚内，秧盘按照平、实、直、紧有序摆放。

5.4.3 苗期管理

苗期应控制温度，及时通风炼苗，适时防病、补水。幼芽顶出土面后，棚内地表温度控制在35℃以下，超过35℃时，揭开苗床两头通风降温，如床土发白、秧苗卷叶，喷水淋湿。在秧苗二叶一心或三叶一心可采用调控剂在16时进行叶面均匀喷洒，进行化学调控。

5.4.4　苗期病害防治

苗期病害参照 DB42/T 847—2012，及时防治。立枯病、青枯病采用 500 倍敌克松溶液喷洒。

5.4.5　起秧

起秧做到随起随运随插，尽量减少搬动次数，保证秧块不变形、不断裂、不伤苗。

6　育秧标准

秧苗整齐均匀，秧龄 15~25d，苗高 14~20cm，根系盘结力≥ 3.5kg/cm^2，根数 8~15，假茎宽 2.0~2.2mm。秧块提起不散，可整体放入秧箱内。

水稻机插同步侧深施肥作业技术规程

前　言

目前，水稻种植过程中普遍存在施肥量过大、肥料利用率较低，大部分养分进入了水体、土壤和大气中，造成农业面源污染日益加重。侧深施肥因延长了肥料在土壤中的供应时间，在保证水稻前期快速生长的情况下，使功能叶早发，快发，延长了叶片光合作用，使得生育后期功能叶及茎鞘中氮素积累提高，营养物转移快，后期不早衰，分蘖成穗率更高，直接增加水稻产量。机插同步侧深施肥则是将两次施肥合为一次施用，不仅减少了施肥工序，而且提高了水稻全程机械化生产水平，有效地减轻了农民的劳动强度和作业成本，该技术的推广应用可以缓解农村农忙季节人力不足的矛盾，尤其是对新型经营主体，既可缓解用工压力，也可降低生产成本。

1　范围

本文件规定了水稻机插秧侧深施肥的术语与定义、育秧及耕整、作业准备、施肥作业、安全要求。

本文件适用于水稻机插秧侧深施肥作业。

2　规范性引用文件

下列文件中的内容通过文中的规范性引用而构成本文件必不可少的条款。其中，注日期的引用文件，仅该日期对应的版本适用于本文件。凡是不注日期的引用文件，其最新版本（包括所有的修改单）适用于本文件。

GB 10395.1—2009　农林机械　安全　第1部分：总则

GB 10396—2006　农林拖拉机和机械、草坪和园艺动力机械安全标志和危险图形　总则

GB 15063—2009　复混肥料（复合肥料）
GB/T 20864—2007　水稻插秧机技术条件
NY/T 1534—2007　水稻工厂化育秧技术要求
NY/T 2192—2012　水稻机插秧作业技术规范
DB42/T 713　机动水稻插秧机　操作规程
DB42/T 714　机动水稻插秧机　作业质量
DG/T 105—2019　水稻侧深施肥装置

3　术语和定义

下列术语和定义适用于本文件。

3.1　水稻机插秧同步侧深施肥 simultaneous side-deep fertilization of rice mechanical transplanting

指装有侧深施肥装置的水稻插秧机同步完成水稻机插秧、施肥和覆泥作业。

3.2　施肥深度 fertilization depth

肥料上部覆盖土层的厚度。

3.3　施肥量 fertilizer amount

施入单位面积或单位长度内的肥料重量。

4　作业流程

作业流程见图1。

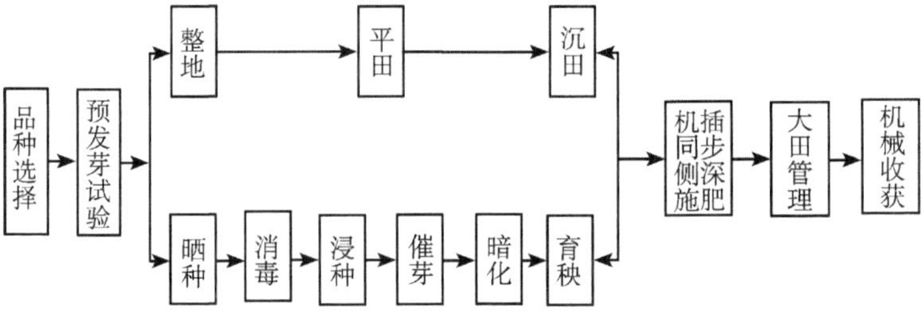

图1　水稻机插同步侧深施肥技术流程

5 育秧及耕整

5.1 工厂化育秧

按照 NY/T 1534—2007 水稻工厂化育秧技术要求进行工厂化育秧。

5.2 秧苗要求

选择适合机插秧的秧苗，秧苗素质、形态指标符合 NY/T 1534—2007 的要求。

5.3 田块耕整

5.3.1 整地

根据茬口、土壤性状采用适宜的耕整方式，耕整要深浅一致，整地深度 16～18cm，耕整同时进行平田，达到地表平整，无残茬、杂草等，田块内高低落差不大于 40mm，泥脚深度不大于 30cm。

5.3.2 沉田

耕整后田块泥浆深度为 3～5cm，水深 2～3cm，沉田时间长短应根据土壤质地情况而定，一般黏土沉实 3～4d，壤土沉实 2～3d，沙质土沉淀 1～2d，达到泥水分清，沉淀不板结。

6 作业准备

6.1 操作人员

6.1.1 上岗前

操作人员上岗前应经过专业技术培训，熟悉所操作侧深施肥插秧机型的结构、特点、使用、维护保养等。

6.1.2 作业前

操作人员应仔细阅读侧深施肥机使用说明书，熟悉侧深施肥机具作业技术。

6.1.3 操作位置

操作人员的操作位置应符合 GB 10395. 1—2009 中 4. 5 规定。

6.2 机具准备

6.2.1 插秧机标准

侧深施肥插秧机应符合 GB/T 20864—2007 的规定。

6.2.2 作业流程

作业前机具进行检修、清理，作业前需兑水稻机插秧侧深施肥机进行检查调试，调整好行距、施肥量等，转动部件要加注润滑油，并进行 5~10min 的空运转，保证各运行部件转动灵活，无碰撞卡滞现象，达到正常作业状态。

6.2.3 安全标识

水稻侧深施肥插秧机安全标识应符合 GB 10396—2006（全部内容）的规定。

7 施肥作业

7.1 肥料选择

应选择颗粒均匀（粒径 2~5mm），表面光滑，硬度要适宜（196kPa 以上），不吸湿固结的复混肥料，复混肥料应符合 GB 15063—2009 复混肥料（复合肥料）要求，应选择高氮高钾型，即复混肥料中 N≥20% 和 K_2O≥14%。

7.2 施肥时间

水稻插秧时同步施入基肥，水稻插秧作业应符合 NY/T 2192—2012 规定。

7.3 施肥位置

施肥位置要精准，应位于距离水稻根侧 30~50mm、深 40~60mm 的泥中。

7.4 施肥要求

7.4.1 施肥量调节

作业前根据设定的插秧株距，测量各施肥口排肥量是否与设置施肥量一致，各施肥口排肥量是否一致，根据设置值与实际值的差距进行施肥量调节，施肥机的排肥稳定性和排肥一致性两项指标应符合 DG/T 105—2019 的要求。

7.4.2 施肥量

采用机插同步侧深施肥基蘖肥总量需减少 10%～20%，籼稻施肥量推荐为复混肥（N：P：K=25：10：16）施基肥 21.6～19.2kg/亩，施肥机施肥量应设置为适宜的档位，分蘖肥总量亦减施 10%～20%。粳稻施肥量推荐为复混肥（N：P：K=25：10：16）施基肥 32.4～28.8kg/亩，施肥机施肥量应设置为适宜的档位，分蘖肥总量亦减施 10%～20%。

7.4.3 操作规范

平缓起步，匀速作业，严防急停急走。水稻插秧机操作应符合 DB 42/T 713 机动水稻插秧机操作规程，插秧机作业质量应符合 DB 42/T 714 机动水稻插秧机作业质量。

8 安全要求

应符合作业机具使用说明书的有关安全要求。

水稻病虫害无人机防治技术规程

前　言

荆州市是水稻主产区，常年种植水稻700万亩左右，种植模式多样，有稻虾、再生稻、双季稻、中稻等；病虫害发生发展特点复杂，有效防治难度大，危害严重。如何有效降低水稻生产中病虫为害，实现水稻安全、绿色、轻简化生产是面临的技术难题。

随着水稻生产向着全面机械化方向发展，植保无人机在水稻病虫害防治方面的应用呈蓬勃之势。植保无人机进行大面积喷药作业，可以短期快速压低病原基数、虫口密度，具有速度快、效率高、持续效果好、防治费用低、节水节药等优势，并可有效解决不方便下田、防治力量不足等难题，在现代农业中得到越来越广泛的运用。

在荆州市利用无人机开展水稻病虫害防治起步较晚，为了进一步规范、优化无人机开展水稻病虫害防治技术，针对荆州市稻田病虫害发生的特点，制订荆州市水稻病虫害无人机防治技术规程，对促进水稻生产轻简化，降低水稻病虫危害防治成本，稳定粮食生产具有积极意义。

1　范围

本规程规定了再生稻病虫害无人机防治的术语与定义、病虫害防治原则、常见病虫害防治标准、植保无人机病虫害防治操作规范等内容。

本规程适用于荆州市及江汉平原其他水稻种植区域。

2　规范性引用文件

下列文件对于本文件的应用是必不可少的。凡是注日期的引用文件，仅

所注日期的版本适用于本文件。凡是不注日期的引用文件，其最新版本（包括所有的修改单）适用于本文件。

GB 4285　农药安全使用标准

GB/T 8321　农药合理使用准则

T/CCPIA 019　植保无人飞机安全施用农药作业规范

NY/T 3213　植保无人飞机质量评价技术规范

T/CAMA 04　植保无人飞机安全操作规

3　术语与定义

3.1　植保无人机 spraying drone

用于农林植物保护作业的无人驾驶飞机，该型无人飞机由飞行平台、导航飞控、喷洒机构 3 个部分组成，通过地面遥控或导航飞控，来实现喷洒作业，可以喷洒药剂、种子等。

3.2　隔离带 isolated area

避免周边敏感区域受农药污染而划定的植保无人机喷洒作业的安全间隔区域。

3.3　飞行高度 flight height

植保无人机机具喷头离作物冠层间的距离。

3.4　作业喷幅 operation spray amplitude

植保无人机作业形成的相邻两个喷雾带中心线之间的距离。

4　病虫害防治

无人机作业应遵循 T/CCPIA 019 植保无人飞机安全施用农药作业规范。

4.1　植保无人机选择

选择小型电动多旋翼无人植保机。产品质量符合 NY/T 3213 植保无人机质量评价技术规范。

4.2 作业环境

晴天 9 时水稻叶片表面无露珠以后作业，环境温度在 24~35℃，环境湿度在≥60%，风速≤3m/s。预估化学农药施药后 12~24h，生物农药施药后 48~72h 没有降雨。为避免对周边养殖水面的影响，作业时应设置隔离带。

4.3 作业规范

4.3.1 飞行高度

飞行高度距水稻冠层 1~2m，对于配备离心式喷头的无人机，飞行高度宜控制在 1~1.5m，配备压力式喷头的无人机，飞行高度可适当提高在 1.5~2m。

4.3.2 飞行速度

飞行速度为 3~5m/s。

4.3.3 作业喷幅

载液量 10L 及以下无人机的喷幅一般设定在 3~5m，10~20L 无人机的喷幅一般设定在 4~6m，20L 以上无人机的喷幅一般设定在 6~8m。

4.3.4 雾滴粒径

根据防治对象、药剂剂型，选择适宜的喷头和作业条件，控制喷雾的雾滴粒径为 40~100μm。

4.4 药剂使用规范

药剂使用应符合 GB 4285 农药安全使用标准和 GB/T 8321 农药合理使用准则。

4.4.1 药剂选择

飞防药剂首选专用药剂，如选常规药剂，首选油剂（油悬浮剂、可分散油悬浮剂等），其次为乳油、水乳剂等。

4.4.2 药剂配制

采用二次稀释法，即先将药剂单独稀释 5~10 倍，再按顺序进行二次稀释，配成所需浓度。同一作用机制、相近成分的药剂避免混配，原则上药剂混配不超过 3 种。药剂混合顺序按悬浮剂、水剂、乳油、飞防专用助剂依次加入药箱。采用水剂、水乳剂、微乳剂、悬浮剂等水基化剂型进行无人机喷雾作业时，应按施药液量的 0.5%~1%添加植物油型助剂。

4.4.3 药剂使用

药剂需现配现用，放置不超过 3h。抗病毒类和杀菌类农药高浓度施药时，建议按常规用量减量 20%~30%施用。

4.5 安全操作规范

植保无人机操作应遵循 T/CAMA 04 植保无人机安全操作规程。

4.6 防治方法

水稻病虫害防治方法详见表 1。

表 1 荆州市水稻病虫害化学防治方法

防治对象	生育期	防治适期	防治指标	防治方法
二化螟	分蘖期	孵化高峰	从害率 1.5%~2.5%，株害率 0.5%	氯虫苯甲酰胺、氟虫双酰胺、苏云金杆菌、阿维菌素
		高峰后 2~3d	从害率 2%~3.5%，株害率 1%	
		高峰后 5~7d	从害率 2%~3.5%，株害率 1%	
	穗　期	卵孵化盛期	从害率 1%~1.5%，株害率 0.1%	
三化螟	抽穗期	蚁螟孵化盛期	卵块或枯心团超过 120 个/亩	氯虫苯甲酰胺、氟虫双酰胺、苏云金杆菌、阿维菌素。孵化始盛期开始，5~7d 再施药 1 次
	破口期	蚁螟盛孵期内	破口 5%~10%防“白穗”	虫量大，增加 1~2 次施药，间隔 5d。氯虫苯甲酰胺、氟虫双酰胺、苏云金杆菌、阿维菌素
稻纵卷叶螟	分蘖期	蛾高峰后 7~10d，卵孵化盛期到 2 龄幼虫盛发高峰期，田中有少量叶片开始束尖	100 丛有虫 40 头	呋喃虫酰肼、氯虫苯甲酰胺、氟虫双酰胺、苏云金杆菌、阿维菌素
	穗期		100 丛有虫 20 头	呋喃虫酰肼、氯虫苯甲酰胺、氟虫双酰胺、苏云金杆菌、阿维菌素
纹枯病	分蘖期	分蘖末期或破口前 1~2d	病丛率达到 5%~10%	防治药剂：井冈霉素、苯醚甲环唑·丙环唑、噻呋酰胺、己唑醇

（续表）

防治对象	生育期	防治适期	防治指标	防治方法
稻瘟病	分蘖期	分蘖盛期	有发病中心或不断出现急性病斑	阴天多雨天气防治叶瘟，防治药剂：三环唑、稻瘟灵、异稻瘟净、春雷霉素、肟菌·戊唑醇
	穗期	孕穗末至破口初	破口前1~2d施药	防治穗瘟，重发年份，隔5~7d施第二次药。防治药剂：三环唑、稻瘟灵、异稻瘟净、春雷霉素、肟菌·戊唑醇
稻曲病	穗期	破口期	破口期和破口前3~5d各用药一次	以预防为主，药剂选择：戊唑醇、氟环唑、井冈霉素、枯草芽孢杆菌
稻飞虱	分蘖期	分蘖盛期	1 000头/百丛	根据病虫测报，做好前期防控，力求统防统治。防治药剂：吡蚜酮、噻虫嗪、锐劲特
	穗期	孕穗至灌浆期	1 000~1 500头/百丛	

荆州市水稻全程机械化生产技术规程

前　言

随着我国工业化、城镇化进程的加快，农村普遍出现劳动力大量向城市转移和人口老龄化加剧的情况。同时，新型土地经营主体与土地流转方式的产生，使得耕地的经营由小面积的小户生产变更为较大面积的大户经营，农业生产方式也相应由小规模的传统种植逐渐转变为机械化集约化生产。荆州市地处江汉平原腹地，水稻种植面积 43 万 hm^2 以上，是一个以水稻生产为主的粮食大市，常年粮食总产占全国 7%、占全省 16%左右。大力发展水稻全程机械化生产，对于减轻农民劳动强度、促进农业节本增效、提高农民收入、促进农村劳动力转移、增强水稻生产抗风险能力、提高粮食产量具有重要作用。

由于荆州市缺乏统一规范的水稻机械化栽培技术标准，在生产和管理上效率不高，不利于水稻全程机械化生产的健康发展。因此，研究制订水稻全程机械化生产技术规程，对于发展和规范荆州市水稻机械化生产，提高粮食综合生产能力、确保粮食安全、促进农业增产、增效和农民增收有着十分重要的意义。

1　范围

本规程规定了水稻全程机械化生产技术的术语与定义、工厂化育秧、机械耕整、机械插秧、病虫害防控、机械收获、稻谷干燥。

本规程适用于荆州市水稻种植区域。

2 规范性引用文件

下列文件对于本文件的应用是必不可少的。凡是注日期的引用文件，仅所注日期的版本适用于本文件。凡是不注日期的引用文件，其最新版本（包括所有的修改单）适用于本文件。

GB 4404.1 粮食作物种子 第1部分：禾谷类

GB 5084 农田灌溉水质标准

GB 4285 农药安全使用标准

GB/T 8321 农药合理使用准则

GB/T 17980.40 农药田间药效试验准则（一）除草剂防治水稻田杂草

GB/T 21015 稻谷干燥技术规范

GB/T 20864 水稻插秧机 技术条件

NY/T 1922 机插育秧技术规程

NY/T 496 肥料合理使用准则

NY/T 498 水稻联合收割机作业质量

DB42/T 714 机动水稻插秧机 作业质量

3 术语与定义

水稻全程机械化生产技术（technical regulation of full mechanization for rice production）指在水稻生产的耕整、育秧、栽插、植保、收获及干燥等全过程中，以机械化作业为核心，实现农机与农艺的有机结合，以提高劳动生产效率的生产技术。

4 工厂化育秧

4.1 稻种优选

4.1.1 品种选择

选用熟期适宜、丰产、高抗、优质的优良水稻品种，必须是湖北省审定的品种或国家审定含湖北的品种，或者外省相同生态区审定、符合荆州市引种条件的品种。种子质量要求达到 GB 4404.1 粮食作物种子（禾谷类）规定的质量标准。

4.1.2 用种量

常规早稻每亩大田用种量 4~5kg，杂交早稻每亩大田用种量 2.5~3kg；常规中稻每亩大田用种量 3~4kg，杂交中稻每亩大田用种量 1.5~2kg；常规晚稻每亩大田用种量 3~4.5kg，杂交晚稻每亩大田用种量 2~3kg。

4.2 种子处理

4.2.1 晒种、选种

种子催芽前，选晴好天气将种子翻晒 1~2d，播前用清水选种，除去秕粒，半秕粒。

4.2.2 种子消毒

种子选用“咪鲜胺”“三氯异氰尿酸”等药剂浸种，以预防恶苗病、立枯病、细菌性条斑病等病害。

4.2.3 浸种催芽

常规早稻种子累计浸种 24~36h，杂交早稻种子和常规中晚稻种子累计浸种 24h，杂交中晚稻种子累计浸种 18h。种子破胸后在油布上摊开炼芽 6~12h，晾干水分至不沾手后进行播种。

4.3 秧盘准备

4.3.1 秧盘准备

选用软盘或硬盘，秧盘规格为 58cm×28cm，每亩大田按 20~30 张备足，中稻田 20~25 张，早晚稻 23~30 张。

4.3.2 基质准备

使用专用基质和营养土育秧，按照 NY/T 1922 的标准操作。

4.4 适时精播

4.4.1 合理安排播种期

早稻 3 月下旬至 4 月初，中稻 4 月中旬至 5 月上旬，晚稻 6 月下旬至 7 月初。根据前茬生长情况或当地栽培习惯确定具体播种日期。

4.4.2 机械播种

采用机械化流水线播种，安装好播种机后，先进行播种调试，使秧盘内底土厚度为 2~2.2cm；调节洒水量，使底土表面无积水，盘底无滴水，播种覆土后能湿透床土；调节好播种量，常规稻每盘播干谷 120~200g，杂交早稻每盘播干谷 90~150g，杂交中稻每盘播干谷 60~90g，若以芽谷计算，乘以系数 1.3；调节覆土量，覆土厚度为 3~5mm，要求不露籽。种播好的秧盘及时运送到温室。

4.5 苗期管理

4.5.1 秧盘摆放

将播种好的秧盘送入温室大棚或中棚，堆码 8~10 层，盖膜，暗化 2~4d，齐苗后送入温室秧架上或中棚秧床上育苗。

4.5.2 温度控制

早稻暗化阶段，遇强降温天气开启加温设备，温度控制在 30~35℃；中稻一般不需加温催芽；齐苗后温度控制在 20~25℃。

4.5.3 湿度控制

湿度控制在 80%~90%。

4.5.4 炼苗管理

要早炼苗，防徒长，齐苗后开始通风炼苗，一叶一心后逐渐加大通风量，棚内温度控制在 20~25℃。盘土应保持湿润，如盘土发白、秧苗卷叶，早晨叶尖无水珠时应及时喷水保湿。前期基本上不喷水，后期气温高，蒸发量大，1~2d 喷一遍水，每次喷水量宜少不宜多。

4.5.5 预防病害

齐苗后喷施一遍杀菌剂，一周后再喷施杀菌剂、生长促进剂防病促发根，移栽前打好送嫁药。

4.5.6 适时移栽

早稻秧龄 22~28d，中晚稻秧龄 15~20d 为宜，叶龄 2.5~3.5 叶，株高 15~20cm 时移栽。抢晴天或阴天移栽，避开寒潮、阴雨天气。

5 机械耕整地

5.1 施足基肥

每亩施肥料总含量≥45%的配方肥 30~40kg，作基肥于机械灭茬耕翻前施用。施肥应符合 NY/T 496 肥料合理使用准则之规定。

5.2 旋耕埋草

选用 55kW 以上拖拉机进行旱田反旋埋草，适宜埋深 12~15cm。

5.3 平整田面

秸秆还田后要及时灌水泡田 48h 以上，田面水深 1～2cm；待秸秆软化后采用机械浅旋平整田面，做到田平、草净、土壤软硬适中；机插前先沉降 1～3d，机插时大田只留薄层水，便于机械作业。

6 机械栽插

6.1 秧苗起运

秧苗起运移栽应根据不同的育秧方法，采取相应措施，随起、随运、随栽。起秧前一天晚上，往秧床上喷少量水。远距离运输宜用钢筋铁筐托秧盘运输，近距离用塑料筐运输。

6.2 机械插秧

选择能达到 GB/T 20864 规定技术条件的插秧机。插足基本苗，中稻行距统一为 30cm，早晚稻和再生稻也可以使用 25cm 行距插秧机，株距可在 12～20cm 内调节，每亩插 1.4 万～1.8 万穴，早稻每亩插 1.8 万穴，中稻每亩插 1.3 万～1.5 万穴；每蔸苗数早稻 3～6 苗，中晚稻 2～5 苗；作业质量应达到 DB42/T 714 的规定。秧插完后，每亩预留 1～3 盘秧，用于补漏缺。

6.3 栽后管理

6.3.1 湿润立苗

不能水淹苗，也不能干旱，及时灌薄皮水。灌水应达到 GB 5084 农田灌溉水质标准。

6.3.2 及时除草

防治水稻田杂草应按照 GB/T 17980.40 的要求操作。

6.3.3 合理施肥

在秧苗移栽活蔸后，每亩施用尿素 10kg，中稻在第一次追肥 7d 后追第 2 次肥，每亩用尿素 5～8kg。看苗追施穗粒肥，每亩施尿素 3～6kg 和氯化钾 5～8kg。

6.3.4 适时晒田

达到预计穗数的 70%～80% 时自然断水落干搁田，反复多次轻搁至田中不陷脚，叶色落黄褪淡。

7 病虫害机械防控

7.1 飞机喷药

目前植保飞机种类较多，各地根据当地实际情况确定机型种类，都必须由专业植保公司或专职人员严格按照操作规程进行操作使用，确保安全。飞机喷药要注意防治时间，喷药时要注意田间灌水，除草剂不能用飞机喷施。施用农药应符合 GB 4285 农药安全使用标准和 GB/T 8321 农药合理使用准则之规定。

7.2 植保机械喷药

水稻田植保机械有自走式喷杆喷雾机、手推喷雾机、小型背负式机动喷雾器等。喷药以病虫测报防治时间为准，及时进行防控。施用农药应符合 GB 4285 农药安全使用标准和 GB/T 8321 农药合理使用准则之规定。

7.3 防治方法

机械化插秧水稻田常见病虫害防治准则参照附表 1。

表 1 荆州市水稻全程机械化生产病虫害的防治方法

病虫	防治时期	防治药剂及用量【g、mL（有效成分）/hm^2】	用药方法
稻蓟马	秧田卷叶株率 15%，百株虫量 200 头；大田卷叶株率 30%，百株虫量 300 头	吡虫啉 30～45；啶虫脒 9～13.5；乐果 375～450	喷雾
褐飞虱	卵孵高峰至 1～2 龄若虫期	噻嗪酮 112.5～187.5；毒死蜱 450～600、600～720（大发生时）；噻虫嗪 7.5～15；异丙威 450～600；吡蚜酮 60～75	喷雾
白背飞虱	卵孵高峰至 1～2 龄若虫期	吡虫啉 15～30；噻嗪酮 112.5～150；毒死蜱 360～600；异丙威 450～600	喷雾
稻纵卷叶螟	卵孵盛期至 2 龄幼虫前	毒死蜱 600～720；氯虫苯甲酰胺 30；氟虫双酰胺 30；呋喃虫酰肼 150～180；丙溴磷 600～720；杀虫双或杀虫单 810～1080；苏云金秆菌（8 000IU/mg）3 750～4 500	喷雾

（续表）

病虫	防治时期	防治药剂及用量 【g、mL（有效成分）/hm^2】	用药方法
二化螟	卵孵高峰期	三唑磷 300~450；氯虫苯甲酰胺 30；氟虫双酰胺 30；毒死蜱 450~600；杀虫单 675~945	喷雾
三化螟	卵孵盛期	三唑磷 300~450；氯虫苯甲酰胺 30；氟虫双酰胺 30；杀螟丹 600~750；杀虫单 675~945	喷雾
秧苗立枯病	水稻秧苗 2~3 叶期	广枯灵 45~90；敌克松 875~975	喷雾
细菌性条斑病、白叶枯	发病初期	噻菌铜 1 500~1 800；噻唑锌 1 200~1 500；噻森铜 1 300~2 000	喷雾
稻曲病	始穗期	戊唑醇 180~225；氟环唑 200~300；井冈·枯草 300~400	喷雾
稻瘟病	发病初期	三环唑 225~300；稻瘟灵 600~800；异稻瘟净 900~1 200；春雷霉素 30~45；肟菌·戊唑醇 168~225	喷雾
纹枯病	发病初期	井冈霉素 150~187；苯醚甲环唑·丙环唑 67.5~90；噻呋酰胺 45.3~81.5；肟菌·戊唑醇 112~168；己唑醇 45~75	喷雾

8 机械化收获

8.1 收获前的准备工作

在收获作业前，驾驶、操作人员除对联合收割机的相关技术要求进行基本检查之外，还必须做好有关田间的调查。联合收割机必须安装或启用秸秆切碎装置。

8.2 机械收获

8.2.1 收获时期

收获应在水稻的蜡熟期或完熟期进行。

8.2.2 联合收割机使用

启动收割机时，应无载荷启动，一开始先使用低转速，并控制好联合收割机的速度，把收割台的高度降低至合适位置后再将发动机转速达到额定转速，然后进行收割；在收割时，应调整好收割幅宽的大小，使得收割机在状况较好时，尽量实行满负荷作业，一直到收割质量较为理想为止，在驾驶过程中要注意观察仪表，注意听设备工作时有没有异响，一旦发现有不正常的现象，应及时停车，将原因找出，然后将故障解决，在操作收割机时，应使设备保持在合适的工作温度、转速范围和负荷范围内。

8.2.3 收获质量要求

收获质量应符合 NY/T 498 规定的标准。

8.3 秸秆收贮

水稻收获后，利用秸秆打捆机对需要回收的秸秆打捆，回收秸秆至收贮站综合利用；不回收的秸秆打碎后还田，严格禁止秸秆焚烧。

9 稻谷干燥

9.1 干燥基本要求

稻谷收获后及时运至干燥机干燥。要求稻谷水分 16%～30%，不同水分稻谷应分别储存，分别进行干燥，同一批次干燥的稻谷水分均匀度不大于2%。干燥前进行精选，含杂质率不大于 2%，不得有长茎秆、麻袋绳、聚乙烯膜等异物。

9.2 干燥技术要求

干燥技术应符合 GB/T 21015 规定的技术要求。

9.3 安全技术要求

干燥机运行时，操作人员应远离或减少介入安全标志所警示的危险区和危险部位；严禁打开干燥机检修门；烘前仓、烘后仓及干燥机储粮段不得进人。电气控制室应设专职人员操作管理，严格执行电气安全操作规程。发现热风管道内有火花，应立即关闭热风机，检查并消除火花来源。发现干燥机排气管中有烟或烧焦气味，应立即停机，关闭所有风机及进风闸门，打开紧急排粮机构，排出机内稻谷及燃烧物，分析事故原因，排除隐患后方可开机。

9.4 干燥成品质量

干燥成品质量指标应符合 GB/T 21015 规定的质量指标。

水稻广两优 5 号生产技术规程

前　言

湖北省水稻总产量居全国前列，且是唯一自给有余，生产潜力大，在全国具有竞争优势的粮食作物。每年有数十亿千克稻谷销往主销区。但是由于湖北省稻米品质欠优，沿海传统市场一度被挤占，高档优质稻米以进口的泰国香米独霸天下，对湖北省水稻生产形成了很大的压力。尤其是高档优质稻所占份额偏小，不能满足市场需求。鄂中 5 号是湖北省自主选育的高档优质稻品种，其推广应用对提升鄂米的市场竞争力起了重要作用。而目前各地栽培管理水平参差不齐，迫切需要制订一个规程以规范生产。本项目所涉及的主要技术内容包括品种及种子处理、育苗、栽培管理、病虫草害防治、收获与贮藏等。该标准可以规范湖北省高档优质中籼品种鄂中 5 号无公害化生产，以促进湖北省高档优质稻产业化的发展。

1　范围

本标准规定了水稻广两优 5 号产地选择、生产技术、收获、生产档案等方面的要求。

本标准适用于湖北省中稻适宜种植区。

2　规范性引用文件

下列文件对于本文件的应用是必不可少的。凡是注日期的引用文件，仅所注日期的版本适用于本文件。凡是不注日期的引用文件，其最新版本（包括所有的修改单）适用于本文件。

GB 4404.1　粮食作物种子　第 1 部分：禾谷类

GB/T 17980.40 农药田间药效试验准则（一）除草剂防治水稻田杂草

3 术语和定义

广两优 5 号（rice CV. Guangliangyou-5）是指湖北省农业科学院粮食作物研究所以“广占 63-4S”为母本，“香 5”作父本配组育成的两系杂交中稻品种，审定编号为鄂审稻 2013005。

4 产地选择

宜选择湖北省区域内适宜其生产的水稻产区。

5 生产技术

5.1 种子选择与处理

5.1.1 选种

选种应符合 GB 4404.1 的规定。

5.1.2 晒种

播种前应摊晒种子 1~3d。

5.1.3 消毒

采用符合国标的种子消毒剂进行消毒处理。

5.1.4 催芽

种子消毒处理后经清水洗净，采用日浸夜滤或三浸三滤间歇式的方法浸种催芽。

5.2 育秧

5.2.1 播种

催芽后，破胸露白时播种。

5.2.2 播种期

适时播种。在茬口不矛盾的情况下，鄂北 4 月 20 日左右播种，江汉平原及鄂东等地 5 月 10 日左右播种。具体播种日期可根据生产实际适当调整。

5.2.3 育秧方式

可采用水育秧或旱育秧。水育时宜稀播，秧田与大田面积比例为 1：（8~10）。旱育时可秧田与大田面积比例为 1：（15~20）。可采用旱育保姆，以促进壮秧。

5.2.4 秧田底肥

秧田施用腐熟农家肥 15~30t/hm^2，再配合施用纯 N 60~105kg/hm^2，P_2O_5 45~75kg/hm^2，K_2O 60~90kg/hm^2，以及 Zn 0.9~1.8kg/hm^2。折合复合肥（NPK 总有效含量 40%）30~40kg/hm^2，锌肥（有效含量 30% 以上）6~15kg/hm^2。先施肥后耙田。

5.2.5 秧田整理

分厢开沟，厢面净宽 1.7m 左右，沟宽 0.3m 左右，沟直、厢平、泥和、草净。

5.2.6 用种量及播种量

大田用种量 15~18kg/hm^2，秧田播量 180~225kg/hm^2。

5.3 秧田管理

5.3.1 水分管理

秧苗二叶一心前，晒露秧厢，保持厢面湿润；秧苗二叶一心后，保持 1cm 左右薄水层，忌深水灌溉。

5.3.2 肥料管理

三叶期施尿素 45kg/hm^2 作断奶肥施；移栽前 7d 施尿素 75kg/hm^2 和硫酸钾 45kg/hm^2 作送嫁肥。

5.3.3 喷施多效唑

秧苗二叶一心时喷施 15% 多效唑可湿性粉剂一次，浓度为 300mg/L（每亩 100g 兑水 50kg）。

5.3.4 病虫害防治

三叶后视虫情施用符合国标的低毒低残留杀虫剂防治稻蓟马等。

5.4 移栽

5.4.1 移栽期

秧龄 30d 左右移栽。

5.4.2 插秧规格

采用宽行窄株，一般田块 24cm×17cm，每穴插 2~3 粒谷苗，每亩 1.5

万穴左右，基本苗4万~5万/亩。

5.5 大田管理

5.5.1 水分管理

5.5.1.1 前期

幼穗分化前（移栽后7~10d），寸水返青；分蘖期，干干湿湿；幼穗达到300万/hm^{2}时排水晒田。

5.5.1.2 中期

晒田后，覆水深灌；幼穗分化至齐穗前，保持5~8cm水层。

5.5.1.3 后期

齐穗后，保持浅水间歇灌溉；灌浆充实期，保持田面干湿；收割前7d时彻底断水。

5.5.2 肥料管理

5.5.2.1 施肥量

施肥量以保护环境为原则，因地制宜。一般肥力田块施纯氮应控制在180kg/hm^{2}左右，N、P、K配合施用，比例为N：P：K=2：1：1.5。同时配合施用硅、锌等中微量元素肥料，SiO_2和Zn的纯用量分别为1.2kg/hm^{2}和12kg/hm^{2}左右。

5.5.2.2 底肥

中等肥力田块，每公顷用量为总含量45%（高氮高钾型）的复合肥600~750kg（40~50kg/亩）。没有条件的也可用单质肥料混配，及每公顷碳铵600kg，过磷酸钙450~600kg（30~40kg/亩），氯化钾150kg（10kg/亩），同时，还应施用硅及锌等中微量元素肥料，SiO_2和Zn的纯用量应分别为1.2kg/hm^{2}和1kg/hm^2。

5.5.2.3 追肥

插秧后7~10d，每公顷追肥尿素75~120kg（5~8kg/亩）作分蘖肥。由于广两优5号生育期较长，晒田覆水后，每公顷增施37.5~45kg尿素（2.5~3kg/亩），75kg氯化钾（5kg/亩）作穗肥；抽穗期，喷施0.3%的磷酸二氢钾、溶液作粒肥。

5.6 病虫草害防治

5.6.1 病害防治

稻瘟病用40%稻瘟灵乳油每公顷600g（40g/亩）或20%春雷霉素可湿

性粉剂每公顷 1 200g（80g/亩）在移栽 7~10d 和见穗期酌情防治。本品种中感白叶枯病和纹枯病可根据情况酌情防治。

5.6.2 虫害防治

根据测报和防治标准，及时准确防治，重点防三虫：返青期防治蓟马叶蝉，7 月中下旬防治稻纵卷叶螟，8 月中下旬防治三化螟，喷雾防治 1~2 次，注意防治稻飞虱。

5.6.3 草害防治

防治水稻田杂草应按照 GB/T 17980.40 的要求。

6 收获

稻谷成熟度达 90%时抢晴收割。

7 生产档案

生产各环节应建立由专人记录管理的纸质档案。

水稻广两优 272 无公害生产技术规程

前　言

两系法杂交稻育种是以光温敏核不育性的利用为主要内容的高技术，是继三系法杂交水稻之后水稻遗传育种上的又一重大科技创新。在国家各类项目的支持下，我国两系杂交水稻已经大面积用于生产，并在稻米品质、产量、抗性等方面表现出明显优势，呈现强劲发展势头和广阔的产业前景。广两优 272 是湖北省农业科学院粮食作物研究所培育的两系杂交中稻新品种，具有优质、高产、熟期适宜等特点，适应湖北省中稻生产需求。该标准的编制是确保该品种在规模化生产应用中的产量和品质的稳定性，可加速其推广应用，实现农民增产增收、加工企业增效的需要，也是促进湖北省水稻产业发展，保障粮食安全的需要。

1　范围

本标准规定了水稻广两优 272 无公害生产的术语和定义、技术要求、立地条件、产出目标、种子及处理、栽培技术、防杂保纯、收获储存等方面的操作要求。

本标准适用于广两优 272 在除鄂西南山区以外的湖北省稻作区作中稻种植，也适于长江中下游的平原及低丘稻作地区。

2　规范性引用文件

下列文件对于本文件的应用是必不可少的。凡引用文件，仅注日期的版本适用于本文件，不注明日期的引用文件，其最新版本（包括所有的修改单）适用于本文件。

GB 3095—2012　环境空气质量标准
GB 4404.1—2008　粮食作物种子　第 1 部分：禾谷类
GB 5084—2005　农田灌溉水质标准
GB 15618—2008　土壤环境质量标准
GB/T 8321.1—2000　农药安全合理使用准则（一）
GB/T 8321.2—2000　农药安全合理使用准则（二）
GB/T 8321.3—2000　农药安全合理使用准则（三）
GB/T 8321.4—2000　农药安全合理使用准则（四）
GB/T 8321.5—2000　农药安全合理使用准则（五）
GB/T 8321.6—2000　农药安全合理使用准则（六）
GB/T 8321.7—2000　农药安全合理使用准则（七）
GB/T 8321.8—2000　农药安全合理使用准则（八）
GB/T 8321.9—2009　农药安全合理使用准则（九）
GB/T 17891—1999　优质稻标准
NY/T 496—2002　肥料合理使用准则
NY/T 394—2000　绿色食品肥料使用准则
NY/T 393—2000　绿色食品农药使用准则

3　术语与定义

3.1　广两优 272 rice CV. Guangliangyou-272

广两优 272 是湖北省农科院粮食作物研究所培育的优质两系杂交中稻新品种，母本为“广占 63-4S”，父本为“R7272”。2012 年 3 月通过湖北省品种审定，审定编号为鄂审稻 2012003。2010—2011 年参加湖北省区试，品质达到国标二级，比对照扬两优 6 号优一个级别，产量比对照扬两优 6 号增产 1.11%，全生育期比对照品种扬两优 6 号短 2.2d。

3.2　无公害生产 pollution-free cultivation

无公害生产是在农业生产过程中杜绝使用农业部禁止使用的化学药品，合理施用有机肥料和化学肥料，减轻对环境的污染程度，生产出符合无公害食品标准的一种栽培技术。

4 技术要求

为了实现广两优272稻米无公害标准化生产及高产目标，主要采用以下技术路线和策略。

4.1 产地选择

无公害水稻生产基地必须选择在生态环境良好，大气环境清洁，土壤和灌溉水不含重金属和有毒、有害物质，产区周围10 000m之内无工业“三废”及医院和生活废弃污染源，避开主要公路干线的地方。

4.1.1 大气条件

大气环境质量符合GB 3095—2012规定。

4.1.2 土壤条件

选择地势平坦，排灌方便，土壤耕层深厚，土体结构良好，有机质含量丰富，养分协调，符合GB 15618—1995的规定。

4.1.3 水质条件

灌溉用水符合GB 5084—2005的规定。

4.2 连片种植

实行规模化连片标准，防止异品种混杂。

4.3 配方施肥

根据广两优272各生长发育阶段对大量和中微量元素的要求及全生育期长的特点，合理施用有机肥料和化学肥料，施用时期和剂量，符合NY/T 496—2002和NY/T 394—2000的标准。

4.4 病虫防治

注重综合防治，物理防治，严格控制化学农药施用种类，施用时期和剂量，符合GB 8321农药安全合理使用准则（所有部分）和NY/T 393—2000的标准，使有害残留物控制在卫生标准允许的范围内。

4.5 收获储藏

采取适宜的收获、脱粒、干燥、储蓄技术，提高整精米率。

5 立地条件

5.1 光照

光照是形成水稻产量的能源，广两优 272 适宜种植在光照条件较好的田块。

5.2 温度

长江中下游平原及低丘稻作区气温≥10℃始于 3 月下旬，止于 11 月中旬，主要稻区气温在 10℃以上的水稻生长期达 230~250d。广两优 272 于 4 月中下旬至 5 月初播种，9 月下旬收获，全生育期约 140d，温度可以满足其生长发育的要求。但在抽穗期可能碰上异常高温或低温危害，影响结实率。

5.3 降雨

长江中下游平原稻作区降水量 1 000~1 300mm，可以满足广两优 272 生长对雨水的要求。

6 产出目标

6.1 稻米品质

要求整精米率、垩白米率、垩白度三项指标达到 GB/T 17891—1999 一级标准，米粒长宽比 3.1 以上，直链淀粉含量 16%左右，食味佳，主要理化指标达国标 2 级以上。

6.2 产量指标

每公顷 9 750kg 左右（亩产量为 650kg），高产田块 10 500kg 以上（亩产量为 700kg 以上）。每公顷有效穗数 250 万以上，平均每穗总粒数 175 粒左右，结实率 82%以上，每穗实粒数 145 粒左右，千粒重 28.6g。

7 种子及处理

7.1 质量标准

水稻两优 272 种子应符合 GB 4404.1—2008 中规定的良种标准。

7.2 种子包装

种子必须晒干精选，小包装、包装袋标有品牌、注册商标、品名、重量、生产日期、生产单位、防伪标志等。

7.3 播种前种子处理

7.3.1 晒种

播种前（在天气晴好的情况下）摊晒种子 1~2d。

7.3.2 消毒处理

强氯精 500 倍液浸种 24h。

7.3.3 催芽

药剂处理后清水洗净，采取日浸夜滤或三浸三滤的间歇式浸种方法，吸足水分后催芽，根与谷粒等长，芽与谷粒半长时播种。

8 栽培技术

8.1 培育壮秧

8.1.1 播种期

根据各地生产示范结果，长江中下游平原及低丘稻作区宜控制在 4 月底至 5 月初播种，具体播种日期各地应根据当年气候环境及当地实际进行调整。

8.1.2 育秧方式

稀播水育秧。

8.1.3 秧田底肥

每公顷施腐熟有机肥 15 000kg（1 000kg/亩），以及 600kg/hm^2 高浓度复合肥（氮、磷、钾总养分大于 40%以上，如 $N_{16}P_{10}K_{14}$），如果不用复合肥作底肥，也可以按每公顷 600kg 碳酸氢铵、750kg 过磷酸钙、375kg 氯化钾用单质肥料配施，并施高浓度锌肥（如大粒锌）3～6kg/hm^2。耕整时作底肥施如，先施肥后耙田。

8.1.4 秧田面积

秧田与大田比例为（1∶10）～（1∶8）。

8.1.5 秧田整理

分厢开沟，厢面净宽 1.7m，沟宽 0.3m。排水整平，做到沟直、厢平、泥和、草净。

8.1.6 用种量及播种量

大田用种量不得少于每公顷 11.25kg（0.75kg/亩），秧田播量控制在每公顷 105kg（7kg/亩）以内，力求播匀。

8.1.7 秧田管理

8.1.7.1 水份管理

播后至秧苗二叶一心期间，晒露秧厢，保持厢面湿润即可；二叶一心后灌薄水层，整个秧田期忌灌溉深水层。

8.1.7.2 肥料管理

三叶期前施断奶肥每公顷施尿素 45kg（3kg/亩），移栽前 7d 施好送嫁肥，每公顷尿素 75kg（5kg/亩）和硫酸钾 45kg（3kg/亩）。

8.1.7.3 喷施多效唑

秧田二叶一心时用 300mg/L 浓度的多效唑喷施 1 次（每亩 100g 兑水 50kg）。

8.1.7.4 病虫防治

主要防治稻蓟马，三叶后视虫情施用高效低毒低残留杀虫剂（每亩用 90%敌百虫 150g）。

8.1.7.5 秧龄

控制在 30d 左右，最长不超过 35d。鄂北稻区 4 月上旬播种并采用两段育秧的地区，秧龄也应控制在 45d 以内。

8.2 移栽质量

8.2.1 移栽期

5 月中下旬到 6 月上旬。

8.2.2 插秧规格

采用宽行窄株，早插肥田，尺寸为 27cm×12cm；迟插一般田块，尺寸为 24cm×12cm。每亩 1.6 万～1.8 万穴，每穴插 2～3 粒谷苗，基本苗 8 万～10 万。

8.2.3 移栽要求

最好采取东西向种植，利于通风透光，浅插匀植，减少植伤。

8.3 水分管理

前期管水。移栽至幼穗分化前，要求寸水（3cm）插秧返青，分蘖期干湿交替，当苗数达到 20 万时起沟排水晒田，控制无效分蘖，要晒到田面有裂纹，裂纹内见白根，人走时不陷脚。

中期管水。幼穗分化至齐穗前，广两优 272 幼穗分化始期在拔节后，历时较长，晒田后覆水适当深灌，要求 3～5cm 让土壤吸足水分，以后保持“干干湿湿干湿”交替，孕穗期以后则必须保持水层 5～8cm。

后期管水。齐穗至收获期，保持浅水间歇灌溉，后水不见前水，保持田面干干湿湿，至收割前 7d 时彻底断水，准备收获。

8.4 肥料管理

8.4.1 施肥量

中等肥力田块每公顷产量 9 750kg（650kg/亩）的氮肥用量建议控制在每公顷纯氮 180～195kg（12～13kg/亩）。同时要注意 N、P、K 配合施用，建议比例为 N：P：K=2：1：1.5。各具体田块的氮磷钾施用量，应根据田块的各养分含量进行调整。此外，还应施用含有硅及锌等中微量元素的肥料，SiO_2 和 Zn 的纯用量应不少于 12kg/hm^2。

8.4.2 大田底肥

施足底肥。用量为总含量 45%（高氮高钾型）的复合肥 600～750kg（40～50kg/亩）。没有条件的也可用单质肥料混配，及每公顷碳铵 600kg（40kg/亩），过磷酸钙 450～600kg（30～40kg/亩），氯化钾 150kg（10kg/亩），同时，还应施用硅及锌等中微量元素肥料，SiO_2 和 Zn 的纯用量应分别不少于 12kg/hm^2 和 1kg/hm^2。

8.4.3 追肥

插秧后 7～10d 或秧苗心叶平展，每公顷追肥尿素 75～120kg（5～8kg/亩）作分蘖肥。由于广两优 272 生育期较长，晒田覆水后，每公顷增施 37.5～45kg 尿素（2.5～3kg/亩），75kg 氯化钾（5kg/亩）作穗肥；孕穗期后，可喷施 0.3%的磷酸二氢钾，0.1%的硼肥、锌肥溶液，以利籽粒饱满，增加千粒重。

8.4.4 病虫草鼠害防治

坚决贯彻“预防为主，综合防治”的方针，正确使用农药。

8.4.4.1 物理防治

可采用鸭稻共生及频振灯灭蛾（虫）技术。

8.4.4.2 病害防治

本品种抗白叶枯病，耐纹枯病，白叶枯病和纹枯病可根据情况酌情防治。稻瘟病用 40%稻瘟灵乳油每公顷 600g（40g/亩）或 20%青雷霉素可湿性粉剂每公顷 1 200g（80g/亩）在移栽 7~10d 和见穗期酌情防治。

8.4.4.3 虫害防治

根据测报和防治标准，及时准确防治，重点防三虫：苗期、抽穗期防治蓟马，每公顷用 90%敌百虫晶体 2 250g（150g/亩）；7 月中下旬防治稻纵卷叶螟；8 月中下旬防治三代三化螟，三代三化螟造成白穗，可能严重减产的主要虫害，必须高度重视，可选用 Bt 可湿性粉剂每公顷 1 500~2 250g 兑水 750kg（100~150g/亩兑水 50kg）喷雾防治 1~2 次。本品后期对稻飞虱有较强耐性，应根据实际情况酌情防治。

8.4.4.4 草害防治

结合中耕防治草害，于插秧后 7~10d 中耕一次，分蘖末期再中耕一次，实现稻田无杂草。

9 防杂保纯

重点抓秧田期除杂，抽穗期除杂和收割前除杂 3 个环节，确保谷粒纯度。

10 收获储存

10.1 收获期

以稻谷成熟度达 90%时抢晴收割。

10.2 收获脱粒

机械收脱时，注意风力不能过大，以免将正常谷粒吹出；二是脱粒搓板只留一层以免将稻谷搓成糙米粒。

10.3 晾晒

将已脱粒稻谷风干扬净后，用晒垫摊晒，勤翻动，晒 1~2d，防止曝晒致使米粒断裂和品种间混杂。

10.4 稻谷质量要求

广两优 272 稻谷要求新鲜，色泽淡黄，无杂谷秕粒，无破损，无米粒，无石子，无泥土，谷粒表面无斑点，污垢，含水量 12.5%~13.5%，杂质≤1%，不完善粒≤0.5%，异品种率≤0.5%，无黄米粒，色泽气味正常，符合 GB/T 17891—1999 的要求。

10.5 标志标签

符合质量要求稻谷应标明无公害产品标志，附上标签，注明品种名称、品质级别、净重量、生产日期、保存期，执行标准、产地及生产者。

10.6 包装

用标准编织袋包装封口，编织袋容量 35kg，麻袋容量 70kg，并附上标志，贴上标签。

10.7 运输

采用清洁干净运输车装运，防止运输过程污染和混杂。

10.8 贮藏

包装好的稻谷要用专仓贮藏，仓储环境卫生达标，不与有异味物资混贮，以免串味，注意通风干燥，防鼠避潮，贮存 60~90d 再加工，加强后熟，可提高整精米率。

"节优 804" 旱播旱管栽培技术规程

前　言

党的十九大提出"推进农业绿色发展、实施国家节水行动、加强农业面源污染防治"。节优 804 旱播旱管，不仅可节约农业用水，节省农业生产成本，而且可降低农业面源污染，在缓解水资源供需矛盾的同时，对实现生态安全、农业及区域社会经济的可持续发展具有十分重要的意义。为规范节优 804 旱播旱管栽培技术，实现良种良法配套，加快在黄冈市标准化生产应用，特制定本文件。

1　范围

本文件规定了"节优 804"旱播旱管生产技术，主要包括术语和定义、特征特性、产地条件、栽培技术、病虫草害综合防治、收获贮藏等内容。

本文件适用于黄冈市，其他条件相似地区亦可参照使用。

2　规范性引用文件

下列文件中的内容通过文中的规范性引用而构成本文件必不可少的条款。其中，注日期的引用文件，仅该日期对应的版本适用于本文件；凡是不注日期的引用文件，其最新版本（包括所有的修改单）适用于本文件。

GB/T 33469　耕地质量等级

GB 15618　土壤环境质量　农用地土壤污染风险管控标准（试行）

GB 3095　环境空气质量标准

GB 5084　农田灌溉水质标准

GB 4404.1　粮食作物种子　第 1 部分：禾谷类

GB/T 8321　农药安全合理使用准则（所有部分）
NY/T 496　肥料合理使用准则　通则
NY/T 2156　水稻主要病害防治技术规程

3　术语和定义

下列术语和定义适用于本文件。

3.1　节优 804 rice CV. Jieyou-804

以“三系不育系沪旱 5A”作母本，“恢复系 GR804”作父本配组育成的三系杂交节水耐旱稻新品种。

3.2　旱播旱管栽培 direct seeding and dry tube cultivation

大田旱耕旱整，种子人工或机械直播，整个生长阶段不进行人工补水灌溉的节水栽培技术。

4　特征特性

4.1　农艺性状

全生育期 113.9d，比对照旱优 73 长 1.3d，株高 121.0cm，每亩有效穗 20.3 万穗，每穗总粒数 175.1 粒，结实率 85.56%，千粒重 26.14g，平均产量 634.31kg/亩（数据来源于湖北省种业创新联合体测试试验）。

4.2　抗性①

稻瘟病综合抗性指数 3.0；白叶枯病最高级 9 级；纹枯病最高级 7 级。耐热性 5 级；耐冷性 3 级。抗旱等级 3 级。

① 病害由宜昌市农业科学研究院和恩施自治州农业科学院植保土肥研究所鉴定；耐热性和耐冷性分别由华中农业大学植物科学技术学院和恩施自治州农业科学院植保土肥研究所鉴定；抗旱性由中国水稻研究所稻作技术研究与发展中心和上海市农业生物基因中心节水抗旱鉴定中心鉴定。

4.3 品质[②]

整精米率 58.7%，垩白粒率 22%，垩白度 6%，直链淀粉含量 20.9%，碱消值级 5.8，长宽比 3∶1。

5 产地条件

5.1 海拔

海拔 800m 以下的低山、丘陵和平原地区。

5.2 土壤

肥沃，耕层厚度不低于 20cm，耕地质量等级符合 GB/T 33469 的 5 级以上，耕地质量类别符合 GB 15618 的规定。

5.3 空气

应符合 GB 3095 的规定。

5.4 灌溉水

应符合 GB 5084 的规定。

6 栽培技术

6.1 整地

结合除草，进行两次耕整，间隔 15d 以上，播种前达到细、实、平的要求。

6.2 种子处理

种子质量符合 GB 4404.1 的规定。播种前晒种 1~2d，用药剂浸种消毒，捞出洗净，沥干水分。

---

② 由农业农村部食品质量监督检验测试中心（武汉）测定。

6.3 播种

6.3.1 播期选择

适宜播种期5月15日至6月5日。

6.3.2 用种量

2.0~2.5kg/亩。

6.3.3 播种方式

人工或机械直播，播种后适当保持土壤湿润。

6.4 水肥管理

6.4.1 水分

降水正常年份，无需人工补水灌溉。

6.4.2 施肥

肥料使用应符合 NY/T 496 的规定。根据土壤肥力状况，施用专用复合肥（20-10-14）40~50kg/亩或缓释肥作底肥。秧苗二叶一心时，施尿素5kg/亩作苗肥；间隔 10d 左右，视苗情施尿素 5.0~7.5kg/亩作分蘖肥；封行后，视苗情施 2.5~4.0kg/亩尿素和 4~6kg/亩氯化钾作穗肥。

7 病、虫、草害防治

7.1 病、虫害

7.1.1 主要防治对象

水稻白叶枯病、稻曲病、纹枯病、稻蓟马、二化螟、三化螟、稻纵卷叶螟、稻飞虱等。

7.1.2 防治方法

综合防治，应符合 GB/T 8321 和 NY/T 2156 的规定。常见病虫害防治方法参照表 1。

7.2 草害

7.2.1 主要防治对象

千金子、稗草、异型莎草等。

7.2.2 防治方法

播种后 2d 内，用符合 GB/T 8321 规定的旱稻专用除草剂封闭，后期视田间杂草情况，施用对应除草剂进行补杀。

表 1 病虫害化学防治方法

病虫	防治时期	防治药剂及用量【g、mL（有效成分）/亩】	用药方法
白叶枯病	发病初期	27%碱式硫酸铜悬浮剂 30~50	喷雾
纹枯病	发病初期	井冈霉素 10~12.5	喷雾
稻瘟病	发病初期	40%稻瘟灵乳油 75~100	喷雾
稻曲病	水稻孕穗后期	20%三唑酮（又名粉锈宁）乳油 75	喷雾
稻蓟马	卷叶株率 30%，百株虫量 300 头	吡蚜酮 4~5；螺虫乙酯 3.5~5	喷雾
稻纵卷叶螟	卵孵盛期至 2 龄幼虫前	氯虫苯甲酰胺 2；苏云金杆菌 250~300	喷雾
二化螟、三化螟、大螟	卵孵高峰期	氯虫苯甲酰胺 2；苏云金杆菌 250~300	喷雾
稻飞虱	卵孵高峰至 2 龄若虫期	吡蚜酮 4~5；噻虫嗪 1~1.5；噻嗪酮 7.5~12.5	喷雾

8 收获、贮藏

95%左右谷粒黄熟时收获。收获后及时脱粒、晾晒，清除杂草杂质，水分小于 13.5%后放入仓库中贮藏，保持阴凉通风。

水稻两优 1528 机械化插秧栽培技术规程

前　言

加快发展水稻生产机械化，是保障我国粮食安全的一项战略措施。水稻机械化插秧栽培技术具有提高劳动生产率，减轻水稻生产劳动强度，降低生产成本，增加产量和收益，提高水稻综合生产能力等优点。根据国家水稻产业发展规划，到 2015 年全国水稻栽植机械化水平达到 45%，关键需要水稻机械化插秧环节的突破。

本规程根据湖北省机插水稻生产特点提出并制定，内容涵盖了两优 1528 机械化插秧栽培技术基本要求、作业流程、田块选择与耕整地要求、机具调试、田间作业、田间管理及收获等诸环节，解决了水稻两优 1528 机械化栽植过程中因缺乏统一规范的栽培技术标准而导致的育秧质量差、漏秧率高、肥水管理不科学、产量和收益较低的现象。水稻两优 1528 机械化插秧栽培技术的大面积推广与示范，对于农民增收与增效具有重要意义。

1　范围

本标准规定了水稻两优 1528 机械化插秧栽培技术规程的基本要求、作业流程、田块选择与耕整地、育秧技术、机械插秧、大田管理和收获要求。

本标准适用于湖北省中稻机械栽插区。

2　规范性引用文件

下列文件对于本文件的应用是必不可少的。凡是注日期的引用文件，仅注日期的版本适用于本文件。凡是不注明日期的引用文件，其最新版本

(包括所用的修改单) 适用于本文件。

GB 4404.1　粮食作物种子　第 1 部分：禾谷类

GB 5084　农田灌溉水质标准

GB/T 8321.1　农药合理使用准则 (一)

GB/T 8321.2　农药合理使用准则 (二)

GB/T 8321.3　农药合理使用准则 (三)

GB/T 8321.4　农药合理使用准则 (四)

GB/T 8321.5　农药合理使用准则 (五)

GB/T 8321.6　农药合理使用准则 (六)

GB/T 8321.7　农药合理使用准则 (七)

GB/T 8321.8　农药合理使用准则 (八)

NY/T 496—2002　肥料合理使用准则

DB42/T 713—2011　机动水稻插秧机　操作规程

DB42/T 714—2011　机动水稻插秧机　作业质量

3　术语和定义

3.1　软盘育秧技术 technology of rice seedling raising with plastic soft plate

该技术主要采用规格为 58cm×28cm 的塑料软盘代替育秧硬盘的低成本、简易化的育秧技术。

3.2　根系盘结力 roots twining power

反映机插秧苗盘根能力的指标。栽插时取规格为 58cm×28cm 为标准秧块，一端固定，另一端用长 28cm、宽 4cm 木条上下固定后，用弹簧称钩拉，秧块断裂时的拉力即为盘结力。

4　基本要求

4.1　种子

水稻两优 1528 种子应符合 GB/T 4404.1 中规定的良种级标准。

4.2 插秧机

水稻机动插秧机应符合 DB42/T 713—2011 和 DB42/T 714—2011 标准中的相关规定。

5 作业流程

水稻两优 1528 机械化育插秧高产栽培作业流程见图 1。

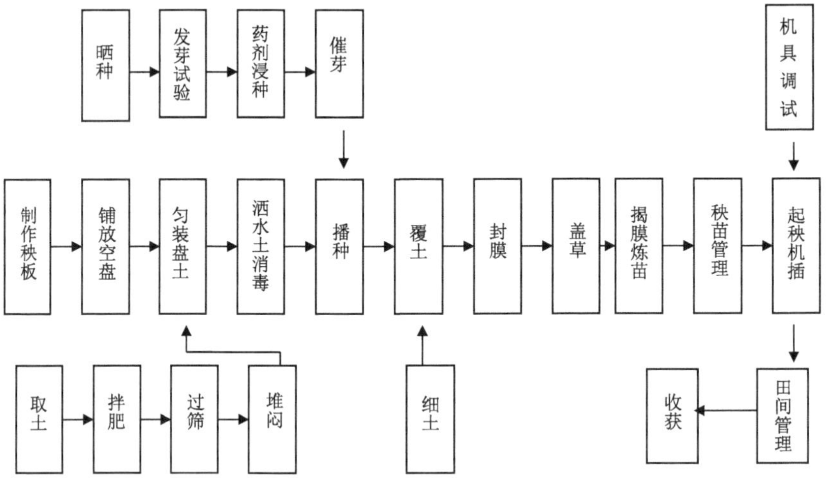

图 1 水稻两优 1528 机械化育插秧高产栽培作业流程

6 田块选择与耕整地

6.1 田块选择

选择排灌条件好、地势平坦的田块。

6.2 整地

带水旋耕，耕层深度 100~150mm。

6.3 平田和沉实

耕整后田块表面高低差距不超过 30mm。沙质土沉实 1d，壤土沉实 2d，黏土沉实 3d 左右，达到泥水分清，沉淀不板结。

7 育秧技术

7.1 种子处理

水稻两优 1528 种子进行晒种、浸种和催芽。

7.2 育秧技术

7.2.1 秧苗标准

秧苗整齐均匀，成苗 1~2 株/cm^2，苗高 10~20cm，根系盘结力≥3.5kg，秧块提起不散，可整体放入秧箱内。

7.2.2 育秧方式

采用软盘旱育秧。

7.2.3 床土准备

每公顷本田秧苗需 1 050~1 500kg 营养土。取肥沃菜园土或疏松稻田表土浇入人畜粪尿，并加过磷酸钙 15kg 堆沤 30d 以上，然后风干打碎过筛。播种前用壮秧剂拌土。

7.2.4 育秧盘准备

每公顷本田，备软盘 300~390 个。

7.2.5 育秧盘准备

机插前 20~25d 播种，综合考虑茬口和当地的气候条件可作适当调整。

7.2.6 播种量确定

每盘播 80~100g。

7.2.7 机插旱育秧技术要点

7.2.7.1 制作秧床

选择地势平坦、背风向阳、水源方便、运秧方便、便于操作管理的田块作秧板田，按照秧本比（1∶100）~（1∶80）准备秧床。秧床按宽 1.4m，沟宽 0.4m，沟深 0.15m 制作，并达到表面平整。

7.2.7.2 摆放秧盘

每厢横向摆放软盘两排，保持盘与盘的飞边重叠，盘底与床面紧贴，确保秧盘不变形，不翘边角。

7.2.7.3 铺放床土

秧盘上按厚度为 1.8~2.0cm（约 2.5kg 营养土）铺放床土，用木条刮平表面、浇湿底土。

7.2.7.4 播种

播种前按秧盘数量称重，分次匀播，确保 1~2 粒/cm^2 芽谷。

7.2.7.5 覆土

使用未加壮秧剂的营养土覆盖种子，盖种厚度以不见种子为宜，并清除盘间接缝处泥土。

7.2.7.6 水分管理

播种时浇透水，出苗前保持足墒，出苗后保持土壤湿润。

7.2.7.7 苗期病虫草害防治

立枯病，在一叶一心到三叶期出现秧苗卷叶时，用 65%敌克松可湿性粉剂 300~500 倍液于 16 时左右喷雾防治。

一代二化螟，在移栽前用 5%锐劲特悬浮剂每亩 35mL+50%多菌灵可湿性粉剂 50g 兑水 50kg 喷雾防治，并可兼治其他病虫害。

稻象甲、稻蓟马，用 40%毒死蜱乳油每亩 60~80mL 或 20%三唑磷乳油 100mL 兑水 50kg 于傍晚喷雾防治，并可兼治一代二化螟。

7.2.7.8 苗期追肥

二叶期施用断奶肥，每公顷苗床用尿素 75kg 兑水 7 500kg 浇施。移栽前 3~4d 施用送嫁肥，每公顷苗床用尿素 120~150kg 兑水 7 500kg浇施，视秧苗叶色状况适当调整。

7.2.7.9 化学调控

在一叶一心至二叶一心期喷施浓度 15%的多效唑 100~200mL 兑水 1L 喷施，以控制苗高。

7.2.7.10 起秧

起秧做到随起随运随插，尽量减少搬动次数，保证秧块不变形、不断裂、不伤苗。

8 机械插秧

8.1 机具调试

方法和方式符合 DB 42/T 713—2011 规定。

8.2 田间作业

田间作业应符合 DB 42/T 714—2011 规定的步骤和方法。

9 大田管理

9.1 施肥

9.1.1 施肥原则

应符合 NY/T 496 肥料合理使用准则之规定，增施有机肥，平衡配方施肥。

9.1.2 施肥量

氮、磷、钾的合理配比为 2∶1∶1。施纯氮量 14~16kg/亩，施肥数量和比例可根据土壤地力情况适当调节。

施氮肥总量，基肥占 50%，分蘖肥占 20%~30%，穗粒肥占 20%~30%；

施磷肥总量，作基肥一次施入；

施钾肥总量，分蘖肥和穗粒肥各占 50%。

9.1.3 施用方式

9.1.3.1 基肥

选用 $N_{15}P_{15}K_{15}$ 三元复合肥 30kg/亩，或用相同含量的碳酸氢铵和过磷酸钙，要注意碳铵深施、磷肥面施，适当增加有机肥。

9.1.3.2 分蘖肥

一般分两次施用，第一次在三叶龄期，用尿素 3kg/亩；第二次在六叶龄至七叶龄期，用尿素 4kg/亩。

9.1.3.3 穗粒肥

在倒四叶龄期，用尿素 3~4kg/亩。

9.2 水分管理

9.2.1 水质要求

农田灌溉水应符合 GB 5084 中规定的农田灌溉水质标准。

9.2.2 大田灌溉

栽插后，干湿交替，湿润为主，苗数达 20 万/亩时，及时晒田，浅水抽穗扬花，湿润灌浆，收割前 7d 断水。

9.3 除草

在移栽后 7~10d，每亩用 36%苄·乙可湿性粉剂 50~60g 拌分蘖肥撒施。对残留下来的零星杂草，用人工拔除。

9.4 病虫害防治

9.4.1 防治原则

病虫害防治农药的使用应符合 GB/T 8321.1、GB/T 8321.2、GB/T 8321.3、GB/T 8321.4、GB/T 8321.5、GB/T 8321.6、GB/T 8321.7 和 GB/T 8321.8 等标准的相关规定。

9.4.2 防治方法

水稻两优 1528 机械化插秧田间常见病虫害防治方法参照表 1。

表 1 常见病虫害防治方法

病虫	防治时期	防治药剂及用量【g、mL（有效成分）/hm^2】	用药方法
稻瘿蚊	成虫盛发至卵孵化高峰期	敌百虫 450~900；乐果 375~450	毒土撒施
稻蓟马	秧田卷叶株率 15%，百株虫量 200 头；大田卷叶株率 30%，百株虫量 300 头	吡虫啉 30~45；啶虫脒 9~13.5；乐果 375~450	喷雾
稻水象甲	百穴有成虫 30 头以上	杀虫双 750；噻虫腈 7.5~15；乙酰甲胺磷 750	喷雾
褐飞虱	卵孵高峰至 1~2 龄若虫期	噻嗪酮 112.5~187.5；毒死蜱 450~600、600~720（大发生时）；噻虫嗪 7.5~15；异丙威 450~600；吡蚜酮 60~75	喷雾
白背飞虱	卵孵高峰至 1~2 龄若虫期	吡虫啉 15~30；噻嗪酮 112.5~150；毒死蜱 360~600；异丙威 450~600	喷雾

（续表）

病虫	防治时期	防治药剂及用量【g、mL（有效成分）/hm^2】	用药方法
稻纵卷叶螟	卵孵盛期至 2 龄幼虫前	毒死蜱 600～720；氯虫苯甲酰胺 30；氟虫双酰胺 30；呋喃虫酰肼 150～180；丙溴磷 600～720；杀虫双或杀虫单 810～1080；苏云金杆菌（8 000IU/mg）3 750～4 500	喷雾
二化螟	卵孵高峰期	三唑磷 300～450；氯虫苯甲酰胺 30；氟虫双酰胺 30；毒死蜱 450～600；杀虫单 675～945	喷雾
三化螟	卵孵盛期	三唑磷 300～450；氯虫苯甲酰胺 30；氟虫双酰胺 30；杀螟丹 600～750；杀虫单 675～945	喷雾
稻叶蝉	卵孵高峰至 1～2 龄若虫期	异丙威 900～1 200；敌百虫 450～900；乐果 375～450；噻虫腈 15～22.5；艾美乐 31.5～47.25	喷雾
秧苗立枯病	水稻秧苗 2～3 叶期	广枯灵 45～90；敌克松 875～975	喷雾
稻瘟病	发病初期	三环唑 225～300；稻瘟灵 600～800；异稻瘟净 900～1 200；春雷霉素 30～45；肟菌·戊唑醇 168.75～225	喷雾
纹枯病	发病初期	井冈霉素 150～187.5；苯醚甲环唑·丙环唑 67.5～90；噻呋酰胺 45.3～81.5；肟菌·戊唑醇 112.5～168.75；己唑醇 45～75	喷雾
白叶枯病	发病前期	叶枯唑 300～375；噻森铜 300～375；	喷雾
稻曲病	破口前 3～5d	苯醚甲环唑·丙环唑 67.5～90；戊唑醇 77.4～90.3；肟菌·戊唑醇 112.5～168.75；己唑醇 52.5～75；琥胶肥酸铜 375～450；络氨铜 525～750；碱式硫酸铜 254～339；腈苯唑 54～72	喷雾

10 收获

当 85%以上稻穗黄熟时，抢晴机械收割。

两系杂交中稻广两优 15 栽培技术规程

前　言

广两优 15 是黄冈市农业科学院选育并于 2011 年通过湖北省农作物品种审定委员会审定的两系杂交中稻品种，2014 年被列为湖北省中稻主推品种，近几年来在湖北省应用面积逐年扩大。为规范该品种栽培技术，充分发挥品种高产、优质、多抗的特点，实现良种良法配套，加速该品种在湖北省的推广应用，特提出本标准，为该品种标准化生产应用提供科学依据。

1　范围

本标准规定了广两优 15 的品种来源、主要特征特性和生产技术规程。

本标准适用于湖北省和生态条件相似地区。

2　规范性引用文件

下列文件中的条款通过本标准的引用而成为本标准的条款。凡是注日期的引用文件，其随后所有的修改单（不包括勘误的内容）或修订版均不适用于本标准，然而，鼓励根据本标准达成协议的各方研究是否可使用这些文件的最新版本。凡是不注日期的引用文件，其最新版本适用于本标准。

GB 4285　农药安全使用标准

GB 4404.1—2008　粮食作物种子　第 1 部分：禾谷类

GB/T 8231　农药合理使用准则

GB/T 17891　优质稻谷

NY/T 496　肥料合理使用准则　通则

NY/T 1118　测土配方施肥技术规范

DB 4206/T 1—2004　无公害食品　水稻生产技术规程

3　品种来源

广两优 15 系黄冈市农业科学院用“广占 63-4S”作母本，两系恢复系“R15”作父本配组育成的两系杂交中稻新品种，2011 年 4 月通过省农作物品种审定委员会审定，审定编号为鄂审稻 2011004。广两优 15 的父本“R15”于 2015 年 5 月获得农业部植物新品种权保护授权，公告号为 CNA20100225. 3。

4　主要特征特性

4. 1　机械旱直播 mechanical dry direct-seeded

4. 1. 1　植株

株型较紧凑，株高 124. 4cm 左右，分蘖力中等，生长势较强，茎秆粗壮。叶色深绿，叶鞘和叶片边缘紫色，剑叶中长挺直。穗层整齐，穗型较大，着粒均匀。谷粒长型，柱头、稃尖紫色、无芒。成熟时转色好。

4. 1. 2　穗

穗层整齐，一般每亩有效穗 15. 8 万，穗长 24. 1cm 左右，每穗总粒数 168. 8 粒，实粒数 139. 2 粒，结实率 82. 5%。

4. 1. 3　谷粒

谷粒长型，谷壳金黄色，稃尖紫色、无芒，千粒重 29. 91g 左右。

4. 2　生物学特性

4. 2. 1　生育期

属迟熟籼型两系杂交中稻组合，全生育期 139. 6d，比扬两优 6 号短 2. 4d。

4. 2. 2　产量潜力

湖北省区域试验平均每亩产量 623. 98kg，比对照扬两优 6 号增产 2. 01%。一般每亩产量 650kg 左右。

4. 2. 3　品质

出糙率 80. 5%，整精米率 68. 8%，垩白粒率 30%，垩白度 2. 4%，直链淀粉含量 15.1%，胶稠度 81mm，长宽比 3：1，主要理化指标达到国标三级优质稻谷质量标准。

4.2.4 抗逆性

抗病性鉴定为高感稻瘟病，稻瘟病综合指数 6.5，感白叶枯病，中感纹枯病。抗倒性好，耐高温能力强。

5 主要栽培技术

5.1 种子质量

种子质量符合 GB 4404.1 的规定。

5.2 种子处理

5.2.1 晒种

播种前将种子晾晒 1~2d。

5.2.2 消毒

将晒好的种子用强氯精 500 倍液或用 0.3%多菌灵溶液浸种 24h，药剂处理后的种子用清水淘净后再浸种催芽。

5.2.3 浸种催芽

种子消毒后用清水洗净，间歇浸种，温水破胸，保温催芽，控温炼芽。

5.3 育秧

5.3.1 育秧方式

人工栽插采用稀播水育秧，机械插秧采用秧盘集中育秧。

5.3.2 秧田与大田配比

水育秧时宜稀播，秧田与大田面积比例为 1：(8~10)。

机插育秧按照秧田与大田 1：100 的比例备足秧田。

5.3.3 耕整与培肥

5.3.3.1 水育秧

应选择地势平坦、土质肥沃、排灌方便的田块作苗床。用施腐熟有机肥 15 000kg/hm^2 及300kg/hm^2 复合肥（氮磷钾总养分大于 40%以上），或施 600kg/hm^2 碳酸氢铵、750kg/hm^2 过磷酸钙、375kg/hm^2 氯化钾和高浓度锌肥 3~6kg/hm^2 做底肥。先施肥后耙田。

5.3.3.2 机插秧

要在年前准备育苗营养土，选择土壤疏松肥沃，无残茬、无砾石、无杂草、无污染、无病菌且当季无除草剂的壤土，如耕作熟化的旱田土或秋耕春耖的稻田土。每亩大田备土 100kg（一方土约 1 500kg，约播 400 个秧盘），水分适宜时采运进库，经翻晒干爽后加入 1%～2%的有机肥，粉碎后备用，盖籽土不培肥。播种前育苗底土每 100kg 加入优质壮秧剂 0.75kg 拌均匀，现拌现用。盖籽土不能拌壮秧剂，营养土冬前培肥腐熟好，忌播种前施肥。

5.3.4 播期

适时播种，在茬口不矛盾的情况下，鄂北 4 月 20 日左右播种，江汉平原及鄂东等地 5 月 10 日左右播种，具体播种日期可根据生产实际适当调整。

5.3.5 播种

人工栽插大田用种量 15～18kg/hm^2，机插秧用种量 22～30kg/hm^2。秧田播量水育秧为 180～225kg/hm^2。机插育秧杂交稻每盘播芽谷 80～100g，常规稻每盘播芽谷 130～150g。水育秧播种后覆盖即可。机插秧播种后覆土厚度 0.3～0.5cm，以不见芽谷为宜。机插秧根据不同水稻品种，每亩机插大田备足 20 张软（硬）盘；播种后要覆盖农膜加盖稻草进行控温育秧。

5.3.6 苗床管理

5.3.6.1 水育秧秧田管理

秧苗二叶一心前，晒露秧厢，保持厢面湿润；秧苗二叶一心后，保持 1cm 左右薄水层，忌深水灌溉。三叶期施尿素 45kg/hm^2 作断奶肥施；移栽前 7d 施尿素 75kg/hm^2 和硫酸钾 45kg/hm^2 作送嫁肥。秧苗二叶一心时喷施 15%多效唑可湿性粉剂一次，浓度为 300mg/L（每亩 100g 兑水 50kg）。三叶后视虫情防治稻蓟马等，每公顷用 10%吡虫啉 150g 兑水 600～750kg 喷雾防治稻蓟马。

5.3.6.2 机插育秧田管理

立苗期保温保湿，快出芽、出齐苗；棚内温度控制在 20～28℃，湿度控制在 80%～90%；齐苗后开始通风炼苗，一叶一心后逐渐加大通风量；盘土应保持湿润，如盘土发白、秧苗卷叶，早晨叶尖无水珠应及时喷水保湿；齐苗后喷施 2.5%咯菌腈 1 500 倍液，以防病促发根；移栽前喷施 1%尿素水作送嫁肥，并打好送嫁药，防好稻蓟马与二化螟，每公顷用 10%吡虫啉 150g 兑水 600～750kg 喷雾防治。

5.4 大田管理

5.4.1 大田耕整

前作收获后，先清除田间杂草、残茬，通过耕、耙、耖等田间操作，达到土壤松软，耕层活化，田平泥烂。机插秧待大田平整后先沉降 1~2d 再插秧。

5.4.2　秧龄和移栽密度

水育秧秧龄控制在 30d 以内，机插秧秧龄控制在 20d 以内。

人工栽插株行距以 13.3cm×25cm 至 13.3cm×30cm 为宜，每亩插 1.7 万~2.0 万蔸，10 万~12 万基本苗。机插秧行距 30cm，穴距 13.1cm，杂交稻每穴应插 2~3 苗；常规稻每穴应保持在 5~6 苗。

5.4.3　施肥

5.4.3.1　推广测土配方施肥技术

氮、磷、钾（N：P_2O_5：K_2O）一般为 1：0.5：1，每亩大田施肥总量纯氮（N）15kg、磷（P_2O_5）7kg、钾（K_2O）15kg。

5.4.3.2　基肥

一般氮肥用 60%作基肥，磷肥钾肥全部作基肥，即结合耕整，每亩施入 1 000kg 腐熟优质农家肥，复合肥（18：8：14）50kg 或碳胺 50kg、磷肥 50kg、氯化钾 15kg，另加硫酸锌 1.5kg 或大粒锌肥 0.2kg 作基肥。

5.4.3.3　追肥

以尿素为主，插后 2~3d 每亩施尿素 7~8kg 作分蘖肥。晒田覆水后到抽穗前 18 天，对长势较差的田块，每亩喷施尿素 0.50~0.75kg 作穗肥，齐穗期每亩用尿素 0.5kg 加磷酸二氢钾 0.15~0.2kg 兑水 40~50kg 叶面喷施作粒肥。

5.4.4　水浆管理

要求浅水（2cm）插秧、返青、分蘖，适时晒田，覆水后浅水勤灌，有水（1.5cm）孕穗、抽穗，干干湿湿灌浆，收获前 5~7d 断水。

5.4.5　杂草防治

插秧后 2~3 天结合追肥，每亩用禾草丹乳油 100~125g 或田草光 25~30g 拌化肥或细土 30kg 撒施除草。

5.4.6　病虫害防治

5.4.6.1　主要病虫害

主要病害：稻曲病，稻瘟病，纹枯病等。

主要虫害：二化螟，三化螟，稻纵卷叶螟，稻飞虱等。

5.4.6.2　防治原则

坚持“预防为主，综合防治”的植保方针。

5.4.6.3　化学农药的使用

按 GB 4285，GB/T 8321 进行。

5.4.6.4　病害的化学防治

（1）纹枯病：水稻孕穗末期，当病株率达到或超过 30%时，每亩用 20%井岗霉素可溶性粉剂 25～40g 兑水 50kg，对准稻基部喷雾防治。

（2）稻曲病：重点防治稻曲病，在孕穗后期每亩用粉锈宁 100g 兑水 50kg 对穗部喷雾，隔 7d 左右即始穗期再喷药 1 次。

（3）白叶枯病：常发区雨后淹水田，排水后立即喷药防治，大田见发病虫心后，每亩用 20%噻枯唑 100～150g 兑水 50kg 喷雾防治。

（4）稻瘟病：稻瘟病常发区，水稻抽穗期当水稻破口 10%时，每亩用 40%稻瘟灵 40g 或 2%春雷霉素液剂或可湿性粉剂 80～100g，兑水 50kg 对准破口处均匀喷雾，齐穗期再喷 1 次。

5.4.6.5　虫害的化学防治

（1）螟虫：重点防治二代二化螟和三代三化螟，二代三化螟防治时间为 7 月上中旬。二代二化螟防治时间 7 月中旬末至 8 月上旬初，8 月 10 日仍不能齐穗田块，要防治三代三化螟两次。防治二、三代螟虫和稻纵卷叶螟每亩用 5%氟虫腈（锐劲特）悬浮剂 30～40mL 兑水 50kg 喷雾，间隔 20～25d 再使用其他杀螟虫药剂。

（2）稻纵卷叶螟：三叶幼虫期前及时用药防治。每亩宜用 1.8%阿维菌素乳油 100～200mL 兑水 50kg 喷雾。

（3）稻蓟马、稻飞虱：大田分蘖期防治稻蓟马，防治方法同秧田期一样；7 月中旬以后注意稻防治飞虱，每亩用 10%吡虫啉 10g 兑水 50kg，对准水稻基部均匀喷雾防治，第 2 次用药间隔 25d。

5.5　收获

5.5.1　收获方式

选择晴好天气采取机收机脱，及时晾晒。不宜采用碾压脱粒方式，以免影响稻米整精米率，确保收获稻谷的品质。

5.5.2　晾晒

将已脱粒的稻谷风干扬净后，分品种晾晒于稻场或晒垫上，勤翻动，一般晾晒 1～2d，含水量降到 13.5%～14.5%时加工米质最佳，贮藏稻谷含水量不大于 12.5%。

麦茬稻机械旱直播栽培技术规程

前　言

水稻和小麦是我国主要的粮食作物，充分利用温光资源、提高复种指数，是保障粮食安全的重要措施。但是，由于我国劳动力成本日益提高，局部地区季节性干旱频发，专用机械缺乏或分配不到位，水稻旱直播田管理技术缺乏等原因，导致机械化水平低，肥水利用率低下，水稻产能更难以保证。因此，规范麦茬田机械旱直播水稻技术是改善上述问题的有效措施。

1　范围

本文件规定了麦茬稻机械精量旱直播技术的基本要求，包括种田、田块、环境要求、秸秆处理与大田耕整、种子处理、播种量与播种密度、肥料管理、水分管理、病虫草害防治、收获。

本文件适用于鄂中北和江汉平原稻麦两熟区。

2　规范性引用文件

下列文件中的内容通过文中的规范性引用而构成本文件必不可少的条款。其中，注日期的引用文件，仅该日期对应的版本适用于本文件；凡是不注日期的引用文件，其最新版本（包括所有的修改单）适用于本文件。

GB 3095　环境空气质量标准

GB 4404.1　粮食作物种子　第 1 部分：禾谷类

GB 5084　农田灌溉水质标准

GB 15618　土壤环境质量标准

NY/T 739　谷物播种机械作业质量

DB42/T 996　水稻主要病虫害生物防治技术规程

DB42/T 1171.1　秸秆还田机械化　第1部分：水稻秸秆作业技术规范

3　术语和定义

下列术语和定义适用于本文件。

机械旱直播（mechanical dry direct-seeded）指在前茬麦田上旱耕旱整，用机械直接将浸泡露白或未浸泡的稻种播到田里，并可做到精量播种，精确株行距。

4　种子、田块、环境要求

选择增产潜力大、抗旱性较好、耐肥抗倒伏、生育期适中的品种。种子应按照GB 4404.1确定的良种级标准。

选择适合机械化作业的田块。

农田灌溉水质应符合GB 5084的规定，环境空气质量应符合GB 3095的规定，土壤环境质量应符合GB 15618的规定。

5　技术要点

5.1　秸秆处理与大田耕整

旱直播田块要求田面平整、耕作层较深、表土疏松，田块表面高低不超过50mm。麦秆离田，麦茬田旋耕打碎，要求土碎而不细。

5.2　种子处理

在浸种前，晒种1~2d。再用0.2%强氯精溶液或咪酰胺浸种消毒4~5h，然后用清水洗净，浸种8~24h，捞起晾干。种子包衣，播种前应按10%吡虫啉1∶500稻种的标准进行拌种处理。

5.3　播种量与播种密度

根据不同品种的特征和特性合理确定播种量，杂交稻一般每亩播种1.5~2.0kg，常规稻每亩播种3.5~5.0kg。

5.4 机具调试

机械旱直播前应调整机具，播种质量按照 NY/T 739 确定的谷物播种机械作业质量相关要求。

5.5 肥料管理

施肥掌握前促、中控、后稳的原则，一般每亩施肥总量 N：P_2O_5：K_2O=（12~15）kg：（5~6）kg：（8~10）kg。

基肥：氮肥占总生育期用量的 40%左右；磷肥全部作为基肥一次施用；钾肥占总生育期用量 60%。

分蘖肥：氮肥占总生育期用量的 30%左右；钾肥占总生育期用量 40%；且每亩施入大粒锌 200~400g 或硫酸锌 1~1.5kg。

幼穗分化肥：氮肥占总生育期用量的 30%左右。

5.6 水分管理

5.6.1 播种后至出苗

播种后应及时灌一次跑马水，保持土壤湿润。播种后应按 5m 左右标准的畦宽开好畦沟及边沟，达到“三沟”配套，确保明水能排。

5.6.2 出苗至孕穗期

出苗后逐步建立水层，保持水层 2~3cm，以促进水稻分蘖，幼穗分化时确保田间有水。

5.6.3 抽穗扬花期

该期确保田间灌水 5cm 左右，如遇高温灌 10cm 左右深水。

5.6.4 蜡熟期至成熟期

后期灌水后自然落干，收获前 10d 停止灌溉，等待机械收割。

5.7 病虫草害防治

坚持“预防为主，综合防治”的原则，具体方法应符合 DB42/T 996 的规定。

除草方法遵循“一封二杀三补”的原则。“一封”，播种后 2d 内每亩使用 300g/L 丙草胺乳油 100mL（制剂用量），每亩用水 30L 喷雾田面，施药时田沟内必须有浅水，施药后 3d 内保持田间湿润；“二杀”，苗后除草，播种后 15d，每亩使用 2.5%五氟磺草胺油悬浮剂 60~80mL，茎叶喷雾，每亩用水 30L；“三补”，视田间杂草情况而定，防除千金子和稗草等禾本科杂草每亩用 10%氰氟草酯 100~200mL，茎叶喷雾，每亩用水量 30L。

6 收获

当稻谷 95%黄熟时，采用联合收割机收割。水稻秸秆还田应按照 DB 42/T 1171.1 的规定作业。

粳稻—小麦全程机械化生产技术规程

前　言

湖北省是粮食生产大省，以“粮食+冬作物”为主的两熟制种植方式在农业耕作制度中占主导地位。长期以来，湖北省的主要粮食作物是水稻，种植的水稻品种以籼稻品种为主。为了调整水稻生产结构，顺应国家水稻产业发展新形势，2012 年湖北省启动实施水稻“籼改粳”工程，大力发展粳稻生产，粳稻品种引进筛选、技术集成、示范推广和产业化开发取得了阶段性的实质成效，粳稻—小麦全程机械化生产技术得到迅速推广应用。但同时还存在着片面追求规模和效益，对优质粳稻品种推广、产品质量重视不够，种植管理过程不规范，缺乏标准引领等一些亟待解决的问题。

本标准针对湖北省当地水土温光资源特点及粳稻—小麦模式生产现状，以高产高质发展为目标，提出并制定了粳稻—小麦模式全程机械化生产技术中粳稻和小麦品种选择、种子处理、育秧、整地、移栽、养分管理、水分管理、病虫草害防治、收获、秸秆处理、品质等方面的技术标准，以充分利用湖北省农业温光资源，提高粳稻—小麦模式的周年粮食产量与种植效益，助力乡村振兴战略实施。

1　范围

本标准规定了粳稻—小麦模式的定义、粳稻—小麦模式的水稻和小麦品种选择、种子处理、育秧、整地、播种、机插、养分管理、水分管理、病虫草害防治、收获、秸秆处理、品质保优的技术要求。

本标准适用于湖北省稻麦两熟区的粳稻和小麦生产，生态条件相似的粳稻—小麦稻作区可参照执行。

2 规范性引用文件

下列文件对于本文件的应用是必不可少的。凡是注日期的引用文件，仅所注日期的版本适用于本文件。凡是不注日期的引用文件，其最新版本（包括所有的修改单）适用于本文件。

GB 4285 农药安全使用标准

GB 4404.1 粮食作物种子质量标准 第1部分：禾谷类

GB 5084 农田灌溉水质量标准

GB/T 8321 农药合理使用准则

GB/T 17891—2017 优质稻谷

GB/T 17320—2013 小麦品种品质分类

NY/T 496 肥料合理使用准则通则

3 术语和定义

下列术语和定义适用于本标准。

粳稻—小麦模式（Japonica rice-wheat cropping system）指一季粳稻与一季小麦轮作的双熟制种植制度。

4 粳稻全程机械化栽培管理

4.1 优选品种

结合当地小麦收获时间和粳稻安全成熟期，选用选择生育期适中、丰产、高抗、优质的粳稻品种，品种应为通过湖北省审定或国家审定含湖北省区域的品种。种子质量应符合国标 GB 4404.1 中水稻良种对纯度、净度、发芽率、水分等的要求。

4.2 播种准备

选晴好天气晒种 1~2d，每盘播种 65~75g，采用稀释 2 000~3 000 倍的咪鲜胺浸种，根据水温，常规稻一般浸种 25~50h 小时、杂交稻浸种 15~30h，将吸收饱和的稻种清洗干净后保温调湿催芽至整齐露白待播，播种前用吡虫啉拌种。

4.3 培育壮苗

根据水稻收获期和机插秧的秧龄要求，适宜播种期在5月10—25日间。二叶一心期前以湿润为主，二叶一心期至移栽前以旱管为主。栽插前5~d减少浇水量促进盘根。气温低时盖膜保温、气温较高则适度揭膜降温排湿。秧龄18~25d、苗高12~15cm、秧苗健壮无病虫，毯苗坚实、白根多、分蘖芽活力强。

4.4 精细整地

小麦收获后麦秆粉碎还田，随即结合灌水促进秸秆腐熟促进秸秆腐熟。水整后的大田适度沉实，沙质土沉实1d，壤土沉实2~3d，黏土沉实3~4d。

4.5 机械插秧

根据品种类型和秧苗素质调节栽插株距和每穴栽插的基本苗数，合理密植，每亩栽插1.8万~2.0万穴，每穴栽插苗数为常规稻5苗、杂交稻3苗。做到浅水栽插，达到行直、栽插浅、靠行准确、空穴率低、穴间均衡一致。机插标准为漏插率≤5.0%、伤秧率≤5.0%、均匀度合格率≥90.0%。

4.6 平衡施肥

以亩生产稻谷≥700kg为目标，氮肥的总用量为纯氮18kg每亩，基肥：分蘖肥：穗肥的比例为5.5：2：2.5。基肥在机插秧时采用同步正位深施，施肥深度为5~8cm，一般每亩用优质复合肥（按$N:P_2O_5:K_2O=15:15:15$含量计）66kg；分蘖肥在栽后7~10d、返青的早期施用，亩施尿素7.5kg；第1次穗肥在拔节始期施用，亩施用钾肥10kg，尿素5kg；第2次穗肥在雌雄蕊形成期施用，亩施尿素5kg。肥料使用应符合NY/T 496肥料合理使用准则通则要求。

4.7 科学管水

机插后浅水紧泥，促扎根、防飘秧；秧苗返青后及时灌水淹泥配合分蘖肥和除草剂灭草；灭草完成后的分蘖期，湿润间歇灌溉促进分蘖，当达到目标成穗数的80%左右时分次轻搁田，控制高峰苗在计划穗数的1.2~1.3倍，控苗效果明显、叶色落黄后及时覆水；长穗期深水灌溉与自然落干相结合，控制地上生长、促进根系生长，孕穗至抽穗期保持充足水分促进抽穗快速整齐；齐穗后自然落干，间歇灌溉、以干为主，成熟前 7~10d 左右断水，以利收获。灌溉水应符合 GB 5084 质量标准要求。

4.8 综合防治

使用高地隙喷杆喷雾机或无人植保机进行农药喷施。防治草害，除早除小。虫害重点防治二化螟、三化螟，稻纵卷叶螟和稻飞虱等；病害重点防治稻瘟病、纹枯病和稻曲病等。所用农药应符合 GB 4285 和 GB/T 8321 的要求。

4.9 收获与秸秆处理

稻谷黄化完熟率达到 98%以上时，及时采用联合收割机收割，一次完成切割、脱粒等作业，水稻残茬不高于 15cm。在联合收割机后部配置秸秆粉碎装置，将水稻秸秆粉碎成秸秆长度 7~8cm，并均匀抛撒以利小麦播种。

4.10 稻米品质

稻米品质指标应符合国标 GB/T 17891—2017 中的 3 级及以上标准。

5 小麦全程机械化栽培管理

5.1 优选品种

根据当地生产实际，选择生育期适中、丰产、高抗、优质的小麦品种。品种应为通过湖北省审定或国家审定含湖北省区域的品种。种子质量应符合国标 GB 4404.1 中水稻良种对纯度、净度、发芽率、水分等的要求。

5.2 机械整地

水稻收获后秸秆未回收、且未粉碎的田块，应立即机械灭茬、粉碎秸秆还田还田。结合机械耕整，耕深≥20cm，掩埋杂草、肥料和粉碎的秸秆。

5.3 精量播种

根据气候、品种类型、土壤墒情确定适宜播期。鄂北地区小麦适宜播期为 10 月 20—30 日，鄂中地区小麦适宜播期为 10 月 25 日至 11 月 10 日。按每亩播种 12.5~15kg，确保基本苗在 18 万~20 万。实行 15~18cm 窄行机械精量播种，播量精确、下种均匀，无漏（重）播，覆土均匀严密，播后镇压效果良好，提高播种质量。

5.4 平衡施肥

注重基肥和拔节孕穗肥的施用。基肥按每亩施用小麦专用肥或优质复合肥（按 N：P_2O_5：K_2O=15：15：15 含量计）40kg，齐苗后一叶一心时追施分蘖肥，每亩用尿素 7.5~10kg，3 月中下旬小麦拔节孕穗后主茎第 1 节间定长、第 2 节间伸长时施用，每亩用尿素、氯化钾各 7.5~10kg，或用高氮（N≥13.5%）高钾（K_2O≥46%）复混肥料（BB 肥）10~12.5kg。后期结合病虫害防治喷施叶面肥，防止早衰。确保冬前每亩 45 万苗、拔节期 60 万苗。肥料使用应符合 NY/T 496 肥料合理使用准则通则要求。

5.5 综合防治

使用高地隙喷杆喷雾机或无人植保机进行农药喷施。采取“一封、二杀”方式，即在播种后采取化学封闭除草。按除早除小的原则，在冬前采取一次性除草。病虫防治持“预防为主，综合防治”的防控策略，虫害重点防治蚜虫、麦圆蜘蛛等。病害重点防治条锈病、赤霉病、白粉病和纹枯病等。在 3 月上中旬小麦分蘖盛期到抽穗扬花期用药控制小麦纹枯病；在小麦抽穗扬花初期，防治赤霉病。所用农药应符合 GB 4285 和 GB/T 8321 的要求。

5.6 防旱防涝

确保“三沟”（畦沟、腰沟、围沟）配套，排灌方便。做到沟直底平，沟沟相通，雨住田干，雨天排明水，晴天排暗水。

5.7 机械收获

在蜡熟末期至完熟期，根据实际情况选用小麦联合收割机。要求小麦联合收割机带有秸秆粉碎及抛撒装置，确保秸秆均匀分布地表。做到割茬高度≤15cm，收割损失率≤2%。

5.8 小麦品质

小麦品质指标应符合国标 GB/T 17320—2013 中对各类专用小麦品质的要求。

稻油轮作周年全程机械化栽培技术规程

前　言

稻油轮作是我国长江流域主要的种植模式之一，可以充分利用温光资源、提高复种指数，增加周年产量，对保障粮食安全起重要作用。但是，目前湖北省稻油轮作存在秸秆离田、还田困难，油菜机播、机收难度大，周年培肥措施不配套等方面的问题。因此，建立本技术规程具有重要意义。

1　范围

本文件规定了稻油轮作（水稻机插秧，油菜机直播）周年全程机械化栽培技术的基本要求、作业流程、技术要点、收获的技术要点。

本文件适用于湖北省稻油轮作区。

2　规范性引用文件

下列文件中的内容通过文中的规范性引用而构成本文件必不可少的条款。其中，注日期的引用文件，仅该日期对应的版本适用于本文件；不注日期的引用文件，其最新版本（包括所有的修改单）适用于本文件。

GB 3095　环境空气质量标准

GB 4404.1　粮食作物种子　第1部分：禾谷类

GB 4407.2　经济作物种子　第2部分：油料类

GB 5084　农田灌溉水质标准

GB 15618　土壤环境质量　农用地土壤污染风险管控标准（试行）

JB/T 12449　油菜籽联合收获机

NY/T 496　肥料合理使用准则　通则

DB42/T 996　水稻主要病虫害生物防治技术规程

DB42/T 1171.1　秸秆还田机械化　第1部分：水稻秸秆作业技术规范

DB42/T 1171.3　秸秆还田机械化　第3部分：油菜秸秆作业技术规范

DB42/T 1312　稻茬地油菜直播机械化耕整地技术规程

DB42/T 1313　稻茬地油菜直播机械化施肥技术规程

3　术语和定义

本文件没有需要界定的术语和定义。

4　基本要求

4.1　种子

水稻种子选择抗性强、增产潜力大、生育期适中的优质品种；油菜种子选择具有抗倒伏、抗裂角、株型紧凑、花期集中、抗病性强、耐迟播、适合机械化作业的“双低”品种。水稻种子应符合 GB 4404.1 的规定，油菜种子应符合 GB 4407.2 的规定。

4.2　田块要求

适合水稻和油菜机械化作业的田块。

4.3　环境要求

农田灌溉水质应符合 GB 5084 的规定，环境空气质量要求应符合 GB 3095 的规定，土壤环境质量应符合 GB 15618 的规定。

5　作业流程

水稻全程机械化栽培包括土地耕整、水稻机插、田间管理、收割、秸秆还田等环节。其作业流程见图1。

油菜全程机械化栽培包括土地耕整、油菜直播、田间管理、收割、秸秆还田或离田等环节。其作业流程见图1。

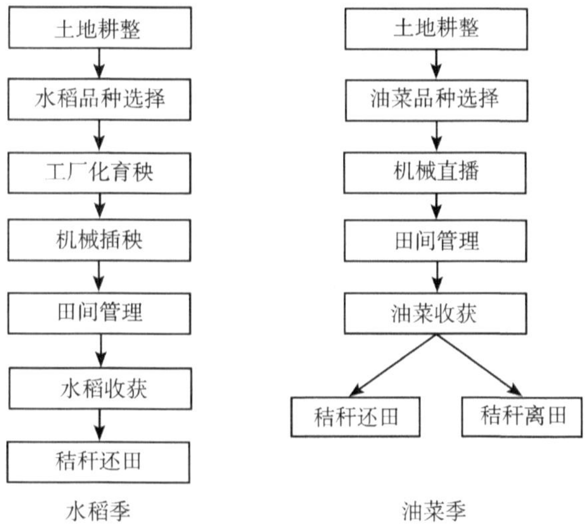

图 1　稻油周年全程机械化栽培技术流程

6　技术要点

6.1　秸秆还田、离田与土地耕整

水稻种植季：油菜收获后，秸秆离田、还田（秸秆长度不超过 10cm）。油菜秸秆还田方法应按照 DB42/T 1171.3 的标准执行，秸秆离田即为机械收割并将其全部运出田块。土壤耕整，采用华式犁、旋耕机、水田驱动耙、埋茬起浆机进行耕整，机械旋耕（15~20cm）后泡田、耙田、耖平。水稻插秧前，沙性土壤需灌水沉田 1d，黏性土壤需沉田 2~3d。

油菜种植季：水稻收获后，秸秆全部粉碎还田应按照 DB42/T 1171.1 的标准执行。土壤耕整应按照 DB42/T 1312 的标准执行。

6.2　种子处理与育秧

水稻采用工厂化育秧应符合 DB42/T 847 的规定。

6.3　播种的时间

水稻播种时间最晚不迟于 6 月 5 日。油菜播种时间最晚不迟于 10 月 31 日。

6.4 种植规格

水稻采用机械插秧。田间要求有足够的苗数，规格定为株行距 15cm×30cm 至 18cm×30cm，机插水稻秧苗一般秧龄 15~25d，叶龄 3~4 叶，适宜苗高 15~20cm，秧盘秧苗均匀整齐，根系发达，根系盘结成毯，且秧块提起不散，叶色淡绿色，叶片挺立。

油菜采用机械直播，行距为 30cm。

6.5 施肥

施肥要求应符合 NY/T 496 中的规定。

水稻种植季：每亩施纯 N 12~15kg、P_2O_5 5~6kg、K_2O 5~7kg。氮肥：底肥在插秧前、平整田土时施入，施用量为总氮的 50%，分蘖肥在秧苗插秧后并返青时施入，施用量为总量的 30%，穗肥在幼穗分化期后施入，施用量为总量的 20%；磷肥：作底肥一次施用；钾肥：底肥在插秧前、平田时施入，施入量为总钾的 50%，追肥在秧苗插秧后并返青时施入，施用量为总量的 5%。肥料可选用复合肥、尿素、过磷酸钙、氯化钾等。底肥每亩配施锌肥 1~1.5kg，硅肥 3~4kg。

油菜种植季：油菜施肥应按照 DB42/T 1313 确定的标准执行。

6.6 水分管理

水稻种植季：返青浅水，之后无水层，每次灌水后自然落干、分蘖盛期排水烤田、灌浆期干湿交替（每次灌水后自然落干）。

油菜种植季：苗期注意排水，花期和荚果期视土壤墒情灌溉 1~2 次。

6.7 病虫害综合防治

坚持“预防为主，综合防治”的原则，具体方法应符合 DB42/T 996 的规定。

7 收获

当稻谷 95%成熟后选择晴天，采用联合收割机收割。油菜在 90%成熟后采用联合收割机收获，联合收割机应符合 JB/T 12449 的规定。

收割时，水稻留茬高度低于 18cm，秸秆全量还田；油菜留茬高度低于 30cm，秸秆离田或粉碎还田。

“四特”晚籼稻系列品种栽培技术规程

前　言

“四特”晚籼稻系列品种是黄冈市农业科学院和湖北农益生物科技有限公司选育的晚稻籼型系列杂交品种，具有高产、优质、早熟和抗性好的特性，适合直播机收和稻虾共作等模式。为规范该系列品种栽培技术，实现良种良法配套，加速该系列品种在我市的推广应用，特提出此标准，为“四特”晚稻系列品种标准化生产应用提供技术支撑。

1　范围

本文件规定了“四特”晚籼稻系列品种栽培的术语和定义、品种特征特性、栽培技术、收获贮藏等内容。

本文件适用于黄冈市，其他条件相似的地区亦可参照使用。

2　规范性引用文件

下列文件中的内容通过文中的规范性引用而构成本文件必不可少的条款。其中，注日期的引用文件，仅该日期对应的版本适用于本文件；不注日期的引用文件，其最新版本（包括所有的修改单）适用于本文件。

GB 3095　环境空气质量标准

GB 4404.1　粮食作物种子　第1部分：禾谷类

GB 5084　农田灌溉水质标准

GB/T 8321　农药安全合理使用准则（所有部分）

GB 15618　土壤环境质量标准

GB/T 33469 耕地质量等级
NY/T 496 肥料合理使用准则 通则
NY/T 593 食用稻品种品质
NY/T 2156 水稻主要病害防治技术规程

3 术语和定义

下列术语和定义适用于本文件。

3.1 “四特”晚籼稻系列品种“Si Te” series late indica rice varieties

以“籼型三系不育系玺 A、益 9A”为母本配组的系列晚稻品种，具有产量高、米质优、抗性强、熟期早的特性。

3.2 秧苗 rice seedling

指水稻移栽前幼苗的统称。

4 品种及特性

4.1 品种

玺优 447、益 9 优 447 等。

4.2 品种特性

具有产量高、米质优、抗性强、熟期早等特性，适合直播机收和稻虾共作等模式。平均产量 600kg/亩以上、生育期比对照（金优 207）缩短 2d 及以上、抗倒伏、稻瘟病抗性 5 级及以下、米质达到 NY/T 593 二级及以上。

5 产地环境条件

5.1 空气

应符合 GB 3095 的规定。

5.2 土壤

肥沃，耕层厚度不少于20cm，耕地质量等级符合GB/T 33469的5级以上，耕地质量类别符合GB 15618的规定。

5.3 灌溉水

应符合GB 5084的规定。

6 栽培技术

6.1 种子质量

应符合GB 4404.1的规定。

6.2 育秧移栽

6.2.1 播期

6月10—25日播种较适宜。

6.2.2 浸种催芽

种子晾晒1~2d，药剂浸种，洗净催芽。待芽长半粒谷、根长1粒谷时即可播种下田。

6.2.3 秧田面积

人工栽插采用水育秧或旱育秧，机械插秧采用秧盘集中育秧。具体秧田面积如下：

水育秧：秧田与大田面积比例1∶6。

旱育秧秧：田与大田面积比例1∶25。

机插育秧：秧田与大田面积比例1∶80。

6.2.4 秧田耕整与培肥

6.2.4.1 水育秧

选择土质肥沃、排灌方便的秧田。施专用复合肥（22-10-10）40kg/亩，平整秧田。

6.2.4.2 旱育秧

选择土质肥沃、排灌方便的中壤土或菜园土作苗床，床土培肥。

6.2.4.3　机插育秧

准备专用育苗营养土穴盘育苗。

6.2.5　播种量

水育秧、旱育秧用种量 1.5kg/亩，机插秧用种量 2.5kg/亩。

6.2.6　秧苗管理

6.2.6.1　水分管理

(1) 水育秧

二叶一心前，晒露秧厢，保持厢面湿润。二叶一心后，保持 1cm 左右薄水层。

(2) 旱育秧、机插秧

土壤保持适当湿度，防旱防渍。

6.2.6.2　肥料管理

(1) 水育秧

三叶期施尿素 5kg/亩作断奶肥、送嫁肥。

(2) 旱育秧、机插秧

移栽前喷施 1%尿素水作送嫁肥。

6.2.6.3　病虫草害防治

三叶后视虫情防治稻蓟马等，施药方法见表 1。

6.2.7　秧苗移栽

6.2.7.1　大田耕整

清除田间杂草、残茬，田平泥活。

6.2.7.2　移栽

(1) 水育秧

秧龄须控制在 25d 内，旱育秧、机插秧秧龄须控制在 20d 以内。

(2) 人工栽插

株行距 12cm×18cm，基本苗 8 万～10 万/亩。机插秧基本苗 10 万～12 万/亩。

6.3　直播栽培

6.3.1　播期

6 月 20—30 日直播较适宜。

6.3.2　浸种催芽

方法参考 6.2.2。

6.3.3 大田耕整

清除田间杂草、残茬，田平泥活。按2~3m分厢，"三沟"配套。

6.3.4 播种

采用机械直播或手工撒播的方式均匀播种，用种2.0~2.5kg/亩，注意防鸟害。

6.3.5 杂草防治

遵循"一封二杀三补"的原则。播种后3d内，用芽前除草剂封闭除草，注意田面勿积水。播种后10d，用苗后除草剂除草。后期视田间杂草情况补喷对应除草剂除草。

7 田间管理

7.1 水分管理

7.1.1 移栽田

浅水返青、分蘖。够苗晒田，足水保胎，薄水壮籽，后期干湿交替，成熟前1周断水。

7.1.2 直播田

三叶前，厢面无积水，厢沟保持湿润，后期水分管理同移栽田。

7.2 施肥管理

7.2.1 移栽田

肥料施用应符合NY/T 496的规定。根据土壤肥力状况，移栽前1d，施水稻专用肥（20-10-14）35~50kg/亩作底肥，耕整施入；移栽后7d左右，追施尿素5kg/亩；移栽后15d左右，追施尿素5~7.5kg/亩，氯化钾5~7.5kg/亩。

7.2.2 直播田

肥料施用应符合NY/T496的规定。根据土壤肥力状况，播种前1d，施水稻专用肥（20-10-14）30~40kg/亩作底肥，耕整施入；播种后10~15d，追施尿素5kg/亩；播种后25~30d，追施尿素5~7.5kg/亩，氯化钾5~7.5kg/亩。

7.3 晒田

全田总苗够时晒田，晒田程度要视苗情、栽培方式和土壤墒情而定。当田面硬实，出现小裂纹，下田不陷脚，及时覆水。

8 病虫害防治

8.1 主要病虫害

稻瘟病、稻曲病、纹枯病、稻蓟马、二化螟、三化螟、稻纵卷叶螟、稻飞虱等。

8.2 综合防治

主要病害防治应符合 NY/T 2156 的要求。农药的安全合理使用应符合 GB/T 8321 的要求。常见病虫害防治准则参照表 1。

表 1 病虫害化学防治方法

病虫	防治时期	防治药剂及用量【g、mL（有效成分）/亩】	用药方法
白叶枯病	发病初期	27%碱式硫酸铜悬浮剂 30~50	喷雾
纹枯病	发病初期	井冈霉素 10~12.5	喷雾
稻瘟病	发病初期	40%稻瘟灵乳油 75~100	喷雾
稻曲病	水稻孕穗后期	20%三唑酮（又名粉锈宁）乳油 75	喷雾
稻蓟马	卷叶株率 30%，百株虫量 300 头	吡蚜酮 4~5；螺虫乙酯 3.5~5	喷雾
稻纵卷叶螟	卵孵盛期至 2 龄幼虫前	氯虫苯甲酰胺 2；苏云金杆菌 250~300	喷雾
二化螟、三化螟、大螟	卵孵高峰期	氯虫苯甲酰胺 2；苏云金杆菌 250~300	喷雾
稻飞虱	卵孵高峰至 2 龄若虫期	吡蚜酮 4~5；噻虫嗪 1~1.5；噻嗪酮 7.5~12.5	喷雾

9 收获与贮藏

9.1 收获

95%左右黄熟时，及时收获。

9.2 贮藏

稻谷风干扬净后，分品种晾晒或机械烘干，贮藏稻谷时含水量不大于 13.5%。

再生稻品种评价标准

前　言

再生稻具有生育期短、日产量高、省种、省工、省肥、节水、调节劳力、生产成本低和经济效益高等优点。再生稻作为一种经济、安全、高效、增产增收的水稻栽培模式越来越受到重视，近几年来种植面积逐年扩大，单产逐年提高，成为南方稻区水稻种植的一种重要的轻简化耕作制度，在保障我国粮食安全中发挥着越来越重要的作用。目前制约再生稻产业发展的最主要技术瓶颈是缺少生育期适中、品质好、再生能力和抗病性强的水稻品种。

通过制定该标准，明确可作为再生稻专用水稻品种的生物学特性和基本要求，可为湖北省水稻育种工作者、种业公司和种子管理部门提供科学决策依据，以便更好地为湖北省乃至长江上下游再生稻产业发展提供良好的技术支撑。

1　范围

本标准规定了再生稻的品种评价标准。

本标准规定的再生稻种植区域为原适宜种植双季稻和早中熟中稻区。

2　规范性引用文件

下列文件对于本文件的应用是必不可少的。凡是注日期的引用文件，仅注日期的版本适用于本文件。凡是不注日期的引用文件，其最新版本（包括所有的修改单）适用于本文件。

GB 4404.1　粮食作物种子　第 1 部分：禾谷类

GB/T 17891　优质稻谷国家标准

3 术语和定义

下列术语和定义适用于本标准。

3.1 再生稻 ratooning rice

再生稻是一种由头季水稻收割后稻茬上的休眠芽萌发生长，进而生长成穗，可再次收获的一种稻作类型。

3.2 再生芽节位 the node of ratooning bud

再生芽节位的计算方法是从头季成熟期水稻植株最上面节位依次往下数，分别是倒 1 节位、倒 2 节位、倒 3 节位等。

4 再生稻品种评价标准

4.1 再生稻类型

再生稻类型可分为早稻蓄留再生稻、中稻蓄留再生稻。

4.2 生育期

头季稻的适宜播种期为 3 月中旬至 3 月下旬，要保证在 8 月 15 日前头季可以收获，再生季能在 9 月 15 日前齐穗，要求品种熟期头季稻在 135d 内，两季全生育期不超过 210d。

4.3 留茬高度

再生稻适宜留茬高度因品种而异。籼稻品种根据头季稻的高度和倒 2 节腋芽的出苗情况确定适宜的留茬高度，一般留茬高度与倒 2 叶叶枕平齐为宜，若株高在 110cm 以上的品种留茬 45~50cm，株高在 100cm 左右的品种留茬 40~45cm，如黄华占等品种。粳稻品种留茬高度和籼稻相反，以基节位再生芽为主，收割高度以保留倒 4 节为宜，约 10cm 高度。

4.4 分蘖能力

有效穗要求：头季人工栽插每亩插足 50 000~60 000 基本苗，机插秧每亩插足基本苗 40 000~50 000（常规稻品种基本苗数要高于杂交稻）的情况下，头季稻有效穗要求每亩不低于 170 000 穗。

再生能力要求：要求品种再生能力强，表现为头季稻收割后 1 个月齐穗，再生穗数与头季穗数的比值在 1.5 以上。

4.5 抗倒性

在一般正常田间管理条件下，品种表现抗倒能力较强，品种头季与再生季均无明显倒伏现象，以确保可以机械化收割为标准。

4.6 抗病性

品种抗病性以国家病害鉴定点结果为依据。品种表现为稻瘟病综合评价指数≤7.0，纹枯病抗性中抗及以上，其他抗性与国家品种审定标准一致。

4.7 丰产性

要求头季产量不低于 600kg/亩，再生季产量不低于 267kg/亩，两季总产量不低于 867kg/亩。

再生季有效穗每亩不低于 25 万穗。头季和再生季结实率按照湖北省农作物品种审定标准执行。

4.8 品质

依据 GB/T 17891 优质稻谷国家标准的要求，两季稻米品质均应不低于国标三级。

5 再生稻的品种

湖北省中稻蓄留再生稻推荐的品种见表 1。

表 1 湖北省中稻蓄留再生稻推荐品种

品种	生育期（d）	类型	米质	稻瘟病抗性
新两优 223	134	两系杂交稻	国标 3 级	高感
两优 6326	130	两系杂交稻	国标 3 级	高感
准两优 527	134	两系杂交稻	国标 3 级	中感
天两优 616	131	两系杂交稻	国标 3 级	高感

（续表）

品种	生育期（d）	类型	米质	稻瘟病抗性
天优华占	123	三系杂交稻	国标 3 级	中感
Y 两优 1 号	134	籼型两系杂交稻	国标 3 级	中感
丰两优香 1 号	128	籼型两系杂交稻	国标 2 级	高感
深两优 5814	137	籼型两系杂交稻	国标 3 级	中感
黄华占	128	常规稻	国标 2 级	中感
甬优 4949	132	三系籼粳杂交稻	国标 2 级	中感

双季早稻机械化育插秧栽培技术规程

前　言

传统双季稻区推行“单改双”有利于扩大水稻种植面积，提高土地单位面积的产出，是确保我国粮食持续增产的一个重要举措。但受低温、茬口衔接困难、劳动力缺乏等不利因素的影响，传统种植模式下的早稻面积逐年缩小。水稻机械化插秧栽培技术具有提高劳动生产率，减轻水稻生产劳动强度，降低生产成本，增加产量和收益，提高水稻综合生产能力等优点。因此，逐步扩大早稻种植面积的关键是要在机械化插秧环节有所突破。

本规程根据湖北省早稻机械化插秧生产特点提出并制定，内容涵盖了早稻机械化插秧栽培技术基本要求、作业流程、田块选择与耕整地要求、机具调试、田间作业、田间管理及收获等诸环节，解决了早稻机械化栽植过程中因缺乏统一规范的栽培技术标准而导致的育秧质量差、漏秧率高、肥水管理不科学、产量和收益较低等问题。早稻机械化育插秧栽培技术的大面积推广与示范，对于农民增收与增效具有重要意义。

1　范围

本标准规定了双季早稻机械化育插秧栽培技术基本要求、作业流程、田块选择与耕整地要求、软盘育秧技术、机具调试、田间作业、田间管理及收获等要求。

本标准适用于湖北省双季稻区早稻机械栽插。

2　规范性引用文件

下列文件对于本文件的应用是必不可少的。凡是注日期的引用文件，仅

所注日期的版本适用于本文件。凡是不注日期的引用文件，其最新版本（包括所有的修改单）适用于本文件。

GB 4404.1　粮食作物种子　第1部分：禾谷类

GB 5084　农田灌溉水质标准

GB/T 8321.1　农药安全合理使用准则（一）

GB/T 8321.2　农药安全合理使用准则（二）

GB/T 8321.3　农药安全合理使用准则（三）

GB/T 8321.4　农药安全合理使用准则（四）

GB/T 8321.5　农药安全合理使用准则（五）

GB/T 8321.6　农药安全合理使用准则（六）

GB/T 8321.7　农药安全合理使用准则（七）

GB/T 8321.8　农药安全合理使用准则（八）

GB/T 8321.9　农药安全合理使用准则（九）

GB/T 20864　水稻插秧机　技术条件

DB42/T 713　机动水稻插秧机　操作规程

DB42/T 714　机动水稻插秧机　作业质量

DB33/T 681　机插水稻盘式育秧技术操作规程

DB23/T 020　水稻生产技术规程

NY/T 496　肥料合理使用准则

NY/T 2156　水稻主要病害防治技术规程

NY/T 1922　机插育秧技术规程

NY/T 1534　水稻工厂化育秧技术要求

NY/T 390　水稻育秧塑料钵体软盘

3　术语和定义

下列术语和定义适用于本标准。

3.1　软盘育秧技术 technology of rice seedling raising with plastic soft plate

该技术是从工厂化育秧实践中总结出来的一套低成本简易化育秧技术，主要采用规格为58cm×28cm的塑料软盘代替育秧硬盘，在人工控制或部分人工控制的适宜秧苗生长环境下，按照规范的工艺流程进行机械化或半机械化育秧。

3.2 根系盘结力 roots twining power

反映机插秧苗盘根能力的指标。栽插时取规格为 58cm×28cm 为标准秧块，一端固定，另一端用长 28cm、宽 4cm 木条上下固定后，用弹簧称钩拉，秧块断裂时的拉力即为盘结力。

4 基本要求

4.1 种子

选择早稻品种应考虑生育期、米质、产量三大因素。其中，选择早稻品种确保 7 月 20 日前成熟收获。早稻种子应符合 GB/T 4404.1 中规定的良种级标准。

4.2 插秧机

水稻插秧机应符合 GB/T 20864 的要求；其操作规程符合 DB42/T 713 要求，作业质量符合 DB/T 714 的要求。

4.3 田块要求

选择排灌条件好，适合机插秧的田块。

4.4 水质

农田灌溉水应符合 GB 5084 中规定的农田灌溉水质标准。

5 作业流程

早稻机械化育插秧栽培作业流程图见图 1。

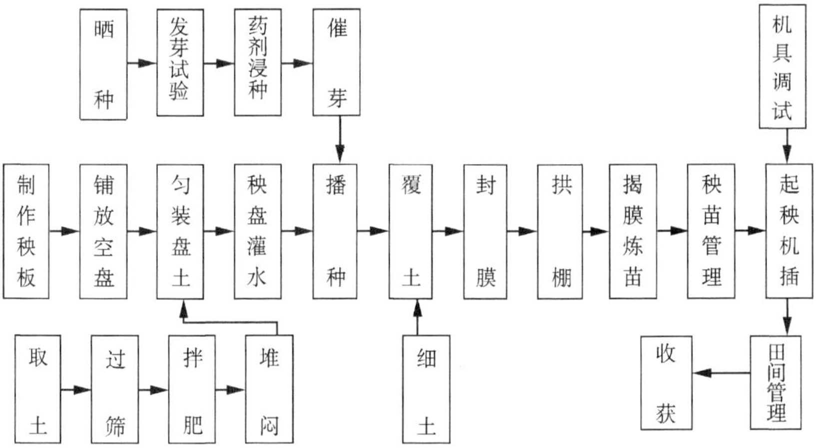

图1 早稻机械化育插秧栽培作业流程

6 育秧技术

6.1 种子处理

对种子进行晒种、浸种和催芽。

6.2 播种期

播种期3月15—20日，待日平均气温稳定在12℃以上后才开始播种，3月25日左右结束。机插前25~30d播种，根据品种特性，综合考虑茬口和当地的气候条件可作适当调整。

6.3 播种量

每盘播干谷常规稻90~110g，杂交稻70~80g。

6.4 育秧技术

6.4.1 工厂化育秧

按照水稻工厂化育秧技术要求NY/T 1534。

6.4.2　软盘旱育秧

按照机插水稻盘式育秧技术操作规程 DB33/T 681 和水稻育秧塑料钵体软盘 NY/T 390。

6.4.3　秧苗标准

秧苗整齐均匀，成苗 1～2 株/cm^2，苗高 10～20cm，根系盘结力≥3.5kg，秧块提起不散，可整体放入秧箱内。

6.4.4　床土准备

每公顷本田秧苗需 1 050～1 500kg 营养土。取肥沃菜园土或疏松稻田表土浇入人畜粪尿，并加复合肥（氮磷钾总养分含量不低于 30%）15kg，堆沤 30d 以上，然后风干打碎过筛。播种前用壮秧剂拌土。床土应取自前茬未施丁草胺，甲磺隆和其他灭生性除草剂地块。

6.4.5　育秧盘准备

每公顷本田，备软盘 375～450 个。

6.4.6　技术要点

制作秧床。选择地势平坦、背风向阳、水源方便、运秧方便、便于操作管理的田块作秧板田，按照秧田本田比 1：（60～70）准备秧床。秧床按宽 1.4m，沟宽 0.4m，沟深 0.15m 制作，并达到表面平整。

摆放秧盘。每厢横向摆放软盘两排，保持盘与盘的飞边重叠，盘底与床面紧贴，确保秧盘不变形，不翘边角。整个床面呈南北向排列。

铺放床土。秧盘上按厚度为 1.8～2.0cm（约 2.5kg 营养土）铺放床土，用木条刮平表面、浇湿底土。

播种。播种前按秧盘数量称重，分次匀播。

覆土。使用未加壮秧剂的营养土覆盖种子，盖种厚度以不见种子为宜，并清除盘间接缝处泥土。

拱棚盖膜。采用塑料大棚或小拱棚旱育秧。小拱棚育秧采用竹片起拱，竹弓间距 60～100cm，弓高 40～45cm。播种后覆盖地膜，四周盖严、捂实。温度管理和水分管理按照机插育秧技术规程 NY/T 1922 和水稻生产技术规程 DB23/T 020。

苗期病虫草害防治。按照水稻主要病害防治技术规程 NY/T 2156。

苗期追肥。按照水稻生产技术规程 DB23/T 020。

起秧。起秧做到随起随运随插，尽量减少搬动次数，保证秧块不变形、不断裂、不伤苗。

7 大田准备

7.1 田块耕整

7.1.1 整地

土地耕整，耕层深度 100~150mm。

7.1.2 平田和沉实

耕整后田块表面高低差距不超过 30mm。沙质土沉实 1d，壤土沉实 2d，黏土沉实 3d 左右，达到泥水分清，沉淀不板结。

7.2 施基肥

选用 $N_{15}P_{15}K_{15}$三元复合肥 450kg/hm^2，或用相同含量的碳酸氢铵和过磷酸钙，要注意碳铵深施、磷肥面施，适当增加有机肥。

8 机械插秧

8.1 机具调试

方法和方式符合 DB42/T 713 规定。

8.2 田间作业

田间作业应符合 DB42/T 714 规定的步骤和方法。

9 大田管理

9.1 追肥

9.1.1 分蘖肥

栽插后 5d 左右追施分蘖肥。

9.1.2 穗粒肥

在倒 4 叶龄期，用尿素 60~90kg/hm^2。

9.2 水分管理

9.2.1 分蘖期水分管理

薄水灌溉，促进早生分蘖，培育健壮群体。

9.2.2 中期水分管理

当每公顷苗数达到300万~375万时，晒田7~10d；之后，拔节至抽穗始期浅水勤灌，干干湿湿，每次水层2~3cm，待落干后再进行下一次。

9.2.3 结实期水分管理

孕穗至扬花期深水灌溉，水层4~5cm；灌浆期后至乳熟期湿润灌溉，每次灌1cm左右的薄层水，干湿交替，保持田面潮湿。黄熟期自然落干，直至收割前7d彻底断水。

9.3 除草

按照农药田间药效试验准则（一）除草剂防治水稻田杂草GB/T 17980.40。

9.4 病虫害防治

9.4.1 防治原则

农药应符合GB 8321农药安全合理使用准则（所有部分）要求和安全合理使用准则。

9.4.2 防治方法

机械化插秧水稻常见病虫害防治准则参照表1。

表1 双季早稻机械化育插秧病虫害的防治方法

病虫	防治时期	防治药剂及用量 【g、mL（有效成分）/hm^2】	用药方法
稻蓟马	秧田卷叶株率15%，百株虫量200头；大田卷叶株率30%，百株虫量300头	吡虫啉30~45；啶虫脒9~13.5；乐果375~450	喷雾
稻水象甲	百穴有成虫30头以上	杀虫双750；噻虫腈7.5~15；乙酰甲胺磷750	喷雾
褐飞虱	卵孵高峰至1~2龄若虫期	噻嗪酮112.5~187.5；毒死蜱450~600、600~720（大发生时）；噻虫嗪7.5~15；异丙威450~600；吡蚜酮60~75	喷雾

（续表）

病虫	防治时期	防治药剂及用量【g、mL（有效成分）/hm^2】	用药方法
白背飞虱	卵孵高峰至1~2龄若虫期	吡虫啉15~30；噻嗪酮112.5~150；毒死蜱360~600；异丙威450~600	喷雾
稻纵卷叶螟	卵孵盛期至2龄幼虫前	毒死蜱600~720；氯虫苯甲酰胺30；氟虫双酰胺30；呋喃虫酰肼150~180；丙溴磷600~720；杀虫双或杀虫单810~1 080；苏云金秆菌（8 000IU/mg）3 750~4 500	喷雾
二化螟	卵孵高峰期	三唑磷300~450；氯虫苯甲酰胺30；氟虫双酰胺30；毒死蜱450~600；杀虫单675~945	喷雾
三化螟	卵孵盛期	三唑磷300~450；氯虫苯甲酰胺30；氟虫双酰胺30；杀螟丹600~750；杀虫单675~945	喷雾
稻叶蝉	卵孵高峰至1~2龄若虫期	异丙威900~1 200；敌百虫450~900；乐果375~450；噻虫腈15~22.5；艾美乐31.5~47.25	喷雾
秧苗立枯病	水稻秧苗2~3叶期	广枯灵45~90；敌克松875~975	喷雾
稻瘟病	发病初期	三环唑225~300；稻瘟灵600~800；异稻瘟净900~1 200；春雷霉素30~45；肟菌·戊唑醇168.75~225	喷雾
纹枯病	发病初期	井冈霉素150~187.5；苯醚甲环唑·丙环唑67.5~90；噻呋酰胺45.3~81.5；肟菌·戊唑醇112.5~168.75；已唑醇45~75	喷雾
白叶枯病	发病前期	叶枯唑300~375；噻森铜300~375；	喷雾
稻曲病	破口前3~5d	苯醚甲环唑·丙环唑67.5~90；戊唑醇77.4~90.3；肟菌·戊唑醇112.5~168.75；已唑醇52.5~75；琥胶肥酸铜375~450；络氨铜525~750；碱式硫酸铜254~339；腈苯唑54~72	喷雾

10 收获

当85%以上稻穗黄熟时，抢晴机械收割。

双季晚稻机械化育插秧栽培技术规程

前　言

在光温适宜地区推行“单改双”的种植模式，有利于提高土地复种指数，提高水稻种植面积，确保水稻持续增产。在当前农村劳动力缺乏、茬口紧张以及配套技术不完善的情况下，推广这一措施的关键在于推行机械化插秧技术。而晚稻育秧中的秧龄弹性小、茬口紧张、高温死苗、生长后期如遇到寒露风易造成严重减产等问题是推行这一技术的瓶颈。突破这一瓶颈的关键就在于在晚稻育秧、插秧及配套田间管理等诸技术环节加以完善和创新。

本规程根据湖北省机插晚稻生产特点提出并制定，内容涵盖了晚稻机械化育插秧栽培技术基本要求、作业流程、田块选择与耕整地要求、机具调试、田间作业、田间管理及收获等诸环节，以解决晚稻机械化栽植过程中因缺乏统一规范的栽培技术标准而导致的育秧质量差、漏秧率高、肥水管理不科学、产量和收益较低等问题。晚稻机械化插秧栽培技术的大面积推广与示范，对于农民增收与增效、保障国家粮食安全具有重要意义。

1　范围

本标准规定了双季晚稻机械化育插秧栽培技术基本要求、作业流程、田块选择与耕整地要求、软盘育秧技术、机具调试、田间作业、田间管理及收获等要求。

本标准适用于湖北省双季稻区晚稻机械栽插。

2　规范性引用文件

下列文件对于本文件的应用是必不可少的。凡是注日期的引用文件，仅

所注日期的版本适用于本文件。凡是不注日期的引用文件，其最新版本（包括所有的修改单）适用于本文件。

GB 4404.1　粮食作物种子　第1部分：禾谷类

GB 5084　农田灌溉水质标准

GB/T 8321.1　农药安全合理使用准则（一）

GB/T 8321.2　农药安全合理使用准则（二）

GB/T 8321.3　农药安全合理使用准则（三）

GB/T 8321.4　农药安全合理使用准则（四）

GB/T 8321.5　农药安全合理使用准则（五）

GB/T 8321.6　农药安全合理使用准则（六）

GB/T 8321.7　农药安全合理使用准则（七）

GB/T 8321.8　农药安全合理使用准则（八）

GB/T 8321.9　农药安全合理使用准则（九）

GB/T 20864　水稻插秧机　技术条件

DB42/T 713　机动水稻插秧机　操作规程

DB42/T 714　机动水稻插秧机　作业质量

DB33/T 681　机插水稻盘式育秧技术操作规程

DB23/T 020　水稻生产技术规程

NY/T 496　肥料合理使用准则

NY/T 2156　水稻主要病害防治技术规程

NY/T 1922　机插育秧技术规程

NY/T 1534　水稻工厂化育秧技术要求

NY/T 390　水稻育秧塑料钵体软盘

3　术语和定义

下列术语和定义适用于本标准

3.1　软盘育秧技术 technology of rice seedling raising with plastic soft plate

该技术是从工厂化育秧实践中总结出来的一套低成本简易化育秧技术，主要采用规格为58cm×28cm的塑料软盘代替育秧硬盘，在人工控制或部分人工控制的适宜秧苗生长环境下，按照规范的工艺流程进行机械化或半机械化育秧。

3.2 根系盘结力 roots twining power

反映机插秧苗盘根能力的指标。栽插时取规格为 58cm×28cm 为标准秧块，一端固定，另一端用长 28cm、宽 4cm 木条上下固定后，用弹簧秤钩拉，秧块断裂时的拉力即为盘结力。

4 基本要求

4.1 种子

晚稻应选用生育期适宜、抗性强的品种，生育期依据是该品种应在 9 月 15 日前安全齐穗，晚稻种子应符合 GB/T 4404.1 中规定的良种级标准。

4.2 插秧机

水稻插秧机应符合 GB/T 20864 的要求；其操作规程符合 DB42/T 713 要求，作业质量符合 DB/T 714 的要求。

4.3 田块要求

选择排灌条件好，适合机插秧的田块。

4.4 水质

农田灌溉水应符合 GB 5084 中规定的农田灌溉水质标准。

5 作业流程

晚稻机械化育插秧栽培作业流程见图 1。

6 育秧技术

6.1 种子处理

对种子进行晒种、浸种和催芽。

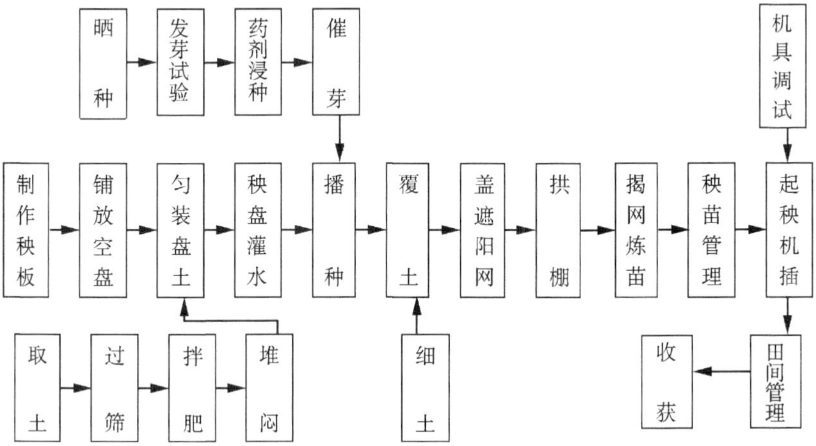

图1　晚稻机械化育插秧栽培作业流程

6.2　播种期

播种期为6月25—30日，确保晚稻在9月10—13日前安全齐穗，综合考虑茬口和当地的气候条件可作适当调整，但不宜过迟或过早。

6.3　播种量

每盘播干谷常规稻90~110g，杂交稻70~80g。

6.4　育秧技术

6.4.1　工厂化育秧

按照水稻工厂化育秧技术要求NY/T 1534。

6.4.2　软盘旱育秧

按照机插水稻盘式育秧技术操作规程DB 33/T 681和水稻育秧塑料钵体软盘NY/T 390。

6.4.3　秧苗标准

秧苗整齐均匀，成苗1~2株/cm^2，苗高10~20cm，根系盘结力≥3.5kg，秧块提起不散，可整体放入秧箱内。

6.4.4　床土准备

每公顷本田秧苗需1 050~1 500kg营养土。取肥沃菜园土或疏松稻田表土浇入人畜粪尿，并加复合肥（氮磷钾总养分含量不低于 30%）15kg，堆沤 30d 以上，然后风干打碎过筛。播种前用壮秧剂拌土。床土应取自前茬未施丁草胺，甲磺隆和其他灭生性除草剂地块。

6.4.5　育秧盘准备

每公顷本田，备软盘 375~450 个。

6.4.6　技术要点

制作秧床。选择地势平坦、背风向阳、水源方便、运秧方便、便于操作管理的田块作秧板田，按照秧田本田比 1：(60~70) 准备秧床。秧床按宽 1.4m，沟宽 0.4m，沟深 0.15m 制作，并达到表面平整。

摆放秧盘。每厢横向摆放软盘两排，保持盘与盘的飞边重叠，盘底与床面紧贴，确保秧盘不变形，不翘边角。整个床面呈南北向排列。

铺放床土。秧盘上按厚度为 1.8~2.0cm（约 2.5kg 营养土）铺放床土，用木条刮平表面、浇湿底土。

播种。播种前按秧盘数量称重，分次匀播。

覆土。使用未加壮秧剂的营养土覆盖种子，盖种厚度以不见种子为宜，并清除盘间接缝处泥土。

拱棚盖膜。采用塑料大棚或小拱棚旱育秧。小拱棚育秧采用竹片起拱，竹弓间距 60~100cm，弓高 40~45cm。播种后覆盖地膜，四周盖严、捂实。温度管理和水分管理按照机插育秧技术规程 NY/T 1922 和水稻生产技术规程 DB23/T 020。

苗期病虫草害防治。按照水稻主要病害防治技术规程 NY/T 2156。

苗期追肥。按照水稻生产技术规程 DB23/T 020。

起秧。起秧做到随起随运随插，尽量减少搬动次数，保证秧块不变形、不断裂、不伤苗。

7　大田准备

7.1　田块耕整

7.1.1　整地

土地耕整，耕层深度 100~150mm。

7.1.2　平田和沉实

耕整后田块表面高低差距不超过 30mm。沙质土沉实 1d，壤土沉实 2d，黏土沉实 3d 左右，达到泥水分清，沉淀不板结。

7.2 施基肥

选用 $N_{15}P_{15}K_{15}$三元复合肥 450kg/hm^2，或用相同含量的碳酸氢铵和过磷酸钙，要注意碳铵深施、磷肥面施，适当增加有机肥。

8 机械插秧

8.1 机具调试

方法和方式符合 DB42/T 713 规定。

8.2 田间作业

田间作业应符合 DB42/T 714 规定的步骤和方法。

9 大田管理

9.1 追肥

9.1.1 分蘖肥

栽插后 5d 左右追施分蘖肥。

9.1.2 穗粒肥

在倒 4 叶龄期，用尿素 60~90kg/hm^2。

9.2 水分管理

9.2.1 分蘖期水分管理

薄水灌溉，促进早生分蘖，培育健壮群体。

9.2.2 中期水分管理

当每公顷苗数达到 300 万~375 万时，晒田 7~10d；之后，拔节至抽穗始期浅水勤灌，干干湿湿，每次水层 2~3cm，待落干后再进行下一次。

9.2.3 结实期水分管理

孕穗至扬花期深水灌溉，水层 4~5cm；灌浆期后至乳熟期湿润灌溉，每次灌 1cm 左右的薄层水，干湿交替，保持田面潮湿。黄熟期自然落干，直至收割前 7d 彻底断水。

9.3 除草

按照农药田间药效试验准则（一）除草剂防治水稻田杂草 GB/T17980.40。

9.4 病虫害防治

9.4.1 防治原则

农药应符合 GB 8321 农药安全合理使用准则（所有部分）要求和安全合理使用准则。

9.4.2 防治方法

机械化插秧水稻常见病虫害防治准则参照表 1。

表 1 双季晚稻机械化育插秧病虫害的防治方法

病虫	防治时期	防治药剂及用量 【g、mL（有效成分）/hm^2】	用药方法
稻蓟马	秧田卷叶株率 15%，百株虫量 200 头；大田卷叶株率 30%，百株虫量 300 头	吡虫啉 30～45；啶虫脒 9～13.5；乐果 375～450	喷雾
稻水象甲	百穴有成虫 30 头以上	杀虫双 750；噻虫腈 7.5～15；乙酰甲胺磷 750	喷雾
褐飞虱	卵孵高峰至 1～2 龄若虫期	噻嗪酮 112.5～187.5；毒死蜱 450～600、600～720（大发生时）；噻虫嗪 7.5～15；异丙威 450～600；吡蚜酮 60～75	喷雾
白背飞虱	卵孵高峰至 1～2 龄若虫期	吡虫啉 15～30；噻嗪酮 112.5～150；毒死蜱 360～600；异丙威 450～600	喷雾
稻纵卷叶螟	卵孵盛期至 2 龄幼虫前	毒死蜱 600～720；氯虫苯甲酰胺 30；氟虫双酰胺 30；呋喃虫酰肼 150～180；丙溴磷 600～720；杀虫双或杀虫单 810～1 080；苏云金秆菌（8 000IU/mg）3 750～4 500	喷雾
二化螟	卵孵高峰期	三唑磷 300～450；氯虫苯甲酰胺 30；氟虫双酰胺 30；毒死蜱 450～600；杀虫单 675～945	喷雾
三化螟	卵孵盛期	三唑磷 300～450；氯虫苯甲酰胺 30；氟虫双酰胺 30；杀螟丹 600～750；杀虫单 675～945	喷雾
稻叶蝉	卵孵高峰至 1～2 龄若虫期	异丙威 900～1 200；敌百虫 450～900；乐果 375～450；噻虫腈 15～22.5；艾美乐 31.5～47.25	喷雾

（续表）

病虫	防治时期	防治药剂及用量【g、mL（有效成分）/hm^2】	用药方法
秧苗立枯病	水稻秧苗 2~3 叶期	广枯灵 45~90；敌克松 875~975	喷雾
稻瘟病	发病初期	三环唑 225~300；稻瘟灵 600~800；异稻瘟净 900~1 200；春雷霉素 30~45；肟菌·戊唑醇 168.75~225	喷雾
纹枯病	发病初期	井冈霉素 150~187.5；苯醚甲环唑·丙环唑 67.5~90；噻呋酰胺 45.3~81.5；肟菌·戊唑醇 112.5~168.75；己唑醇 45~75	喷雾

10 收获

当 85%以上稻穗黄熟时，抢晴机械收割。

“早籼晚粳”双季机插栽培技术规程

前　言

湖北省光温资源丰富，是我国水稻生产大省和重要的商品粮基地。随着农村劳动力的流失，人工撒直播的水稻面积较大，田间无序栽培导致倒伏和病虫害危害风险加大；选择单季稻种植模式无疑会降低水稻实际种植面积。近年来，湖北省双季稻区推行以工厂化育秧为突破口的“单改双”水稻机械化种植模式，取得一定效果，也存在一定问题。晚季采用籼稻，收割后大部分田块是冬闲田，而湖北省水稻晚季温光资源充沛，这种种植制度不仅浪费土地资源而且未能充分利用温光资源；同时晚稻也常常遭遇“寒露风”等灾害天气影响，导致晚籼稻不能高产稳产。粳稻耐寒性较籼稻好，灌浆期遇低温不早衰。当前国内粳米消费占稻米消费总量近40%，但我国粳稻面积占全国水稻总面积不足30%。因此，选用晚粳稻，既可以降低低温危害，又能够解决当地粳米供应不足的问题。发展“早籼晚粳”双季机插栽培技术，可解决机械化栽植过程中因缺乏统一规范的栽培技术标准而导致的育秧质量差、漏秧率高、肥水管理不科学、产量和收益较低等方面的问题，对于充分利用湖北光温资源、调优粮食结构，提高稻米品质、增加农民收入具有重要的战略意义。

1　范围

本标准规定了“早籼晚粳”双季机插栽培技术的基本要求、作业流程、育秧技术、大田准备、机械插秧、大田管理及收获要求。

本标准适用于湖北省双季稻区及长江中游相似生态区机械栽插种植模式。

2 规范性引用文件

下列文件对于本文件的应用是必不可少的。凡是注日期的引用文件，仅注日期的版本适用于本文件。凡是不注日期的引用文件，其最新版本（包括所有的修改单）适用于本文件。

GB 4404.1 粮食作物种子 第1部分：禾谷类

GB 5084 农田灌溉水质标准

GB/T 8321.1 农药安全合理使用准则（一）

GB/T 8321.2 农药安全合理使用准则（二）

GB/T 8321.3 农药安全合理使用准则（三）

GB/T 8321.4 农药安全合理使用准则（四）

GB/T 8321.5 农药安全合理使用准则（五）

GB/T 8321.6 农药安全合理使用准则（六）

GB/T 8321.7 农药安全合理使用准则（七）

GB/T 8321.8 农药安全合理使用准则（八）

GB/T 8321.9 农药安全合理使用准则（九）

GB/T 20864 水稻插秧机 技术条件

NY/T 496 肥料合理使用准则

NY/T 1534 水稻工厂化育秧技术要求

NY/T 1922 机插育秧技术规程

NY/T 2156 水稻主要病害防治技术规程

DB23/T 020 水稻生产技术规程

DB33/T 681 机插水稻盘式育秧技术操作规程

DB42/T 713 机动水稻插秧机 操作规程

DB42/T 714 机动水稻插秧机 作业质量

3 术语和定义

下列术语和定义适应于本标准。

“早籼晚粳”种植模式（cultivation pattern of “early *Indica* and late *Japonic*” in double rice cropping system）指以双季稻种植过程中早稻选用籼稻、晚稻选用粳稻品种，同时运用相配套的栽培管理技术的一种种植模式。

4 基本要求

4.1 种子

选择水稻品种应综合考虑生育期、米质、产量、抗性四大因素。其中，早籼稻品种确保7月20日前成熟收获；晚粳稻选用分蘖力强，米质达到国家二级以上品种。水稻种子其他特征均应符合GB/T 4404.1中规定的良种级标准。

4.2 插秧机

水稻插秧机应符合GB/T 20864的要求；其操作规程符合DB42/T 713要求，作业质量符合DB/T42 714的要求。

4.3 田块要求

选择排灌条件好，适合机插秧的田块。

4.4 灌溉水质

农田灌溉水质应符合GB 5084的规定。

5 作业流程

“早籼晚粳”双季机插栽培技术作业流程见图1。

6 育秧技术

6.1 种子处理

对种子进行晒种、浸种和催芽。

6.2 播种期

早籼稻播种期3月15—25日。晚粳稻播种期为6月25—30日，确保晚稻在9月15日前安全齐穗。

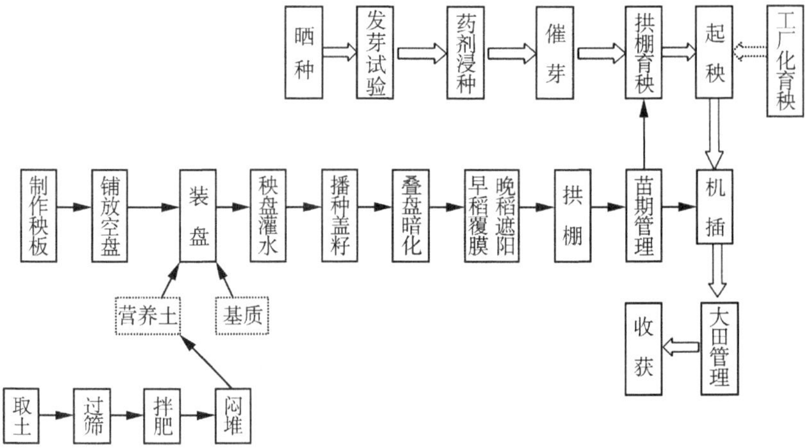

图1 “早籼晚粳”双季机插栽培技术作业流程

6.3 播种量

早籼稻：每盘播（干谷）杂交稻 70～80g、常规稻 90～110g；晚粳稻：每盘播（干谷）杂交稻 70～80g、常规稻 100～110g。

6.4 育秧技术

6.4.1 工厂化育秧

水稻工厂化育秧技术符合 NY/T 1534 的要求。

6.4.2 拱棚育秧

6.4.2.1 床土准备

每公顷本田秧苗需 1 050～1 500kg 营养土。取肥沃菜园土或疏松稻田表土浇入人畜粪尿，并加复合肥（氮磷钾总养分含量不低于 30%）15kg，堆沤 30d 以上，然后风干打碎过筛。播种前用壮秧剂拌土。

6.4.2.2 育秧盘准备

早籼稻：每公顷本田备盘 375～450 个；晚粳稻：每公顷本田备盘 450～525 个。

6.4.2.3 制作秧床

选择地势平坦、背风向阳、水源方便、运秧方便、便于操作管理的田块制作秧床，按照秧田本田比 1：(60～70) 准备秧床。秧床按宽 1.4m，沟宽 0.4m，沟深 0.15m 制作，并达到表面平整。

6.4.2.4　摆放秧盘

每厢横向摆放硬盘两排，盘与盘紧密排列，盘底与床面紧贴。整个床面呈南北向排列。秧盘上按厚度为 1.8～2.0cm（约 2.5kg 营养土）铺放床土，用刮平表面、浇湿底土。

6.4.2.5　播种

播种前按秧盘数量称重，分次匀播。

6.4.2.6　覆土

使用未加壮秧剂的营养土覆盖种子，盖种厚度以不见种子为宜，并清除盘间接缝处泥土。

6.4.2.7　叠盘暗化

水稻播种后，放在平整的地面上叠盘，叠盘高度不超过 30 个，上下部留空，采用遮阳网覆盖，早稻还需用塑料薄膜盖严保温保湿。暗化时间一般在 24～36h。这一工序需用硬盘，软盘育秧不能叠盘。

6.4.2.8　拱棚盖膜

早籼稻：采用塑料大棚或小拱棚育秧。小拱棚育秧采用竹片起拱，竹弓间距 60～100cm，弓高 40～45cm。播种后覆盖地膜，四周盖严、捂实。晚粳稻：采用秧田旱育秧。小拱棚育秧采用竹片起拱，竹弓间距 60～100cm，弓高 40～45cm。播种后覆盖遮阳网。温度管理和水分管理符合 NY/T 1922 和 DB23/T 020 的要求。

6.4.2.9　苗期病虫草害防治

苗期病虫草害防治应符合 NY/T 2156 的要求。

6.4.2.10　苗期追肥

苗期追肥应符合 DB23/T 020 的要求。

6.4.3　秧苗标准

秧苗长势青绿、整齐均匀，早稻成苗 1.5～2 株/cm^2，晚粳成苗 2～3 株/cm^2，苗高 10～20cm；根系脆嫩，根系盘结力适中（秧块提起不散），便于移运和机插。

6.4.4　秧龄

早籼稻秧龄 20～25d，晚粳稻秧龄 12～18d。

6.4.5　起秧

起秧时做到随起随运随插，尽量减少搬动次数，保证秧块不变形、不断裂、不伤苗。

7 大田准备

7.1 田块耕整

7.1.1 整地

早稻采用翻耕，耕层深度 150~180mm；晚稻采用浅旋耕，耕层深度 100~150mm。

7.1.2 平田和沉实

耕整后田块表面高低差距不超过 30mm。沙质土沉实 1d，壤土沉实 1~2d，黏土沉实 2~3d，达到泥水分清，沉淀不板结。

7.2 施基肥

选用 $N_{15}P_{15}K_{15}$三元复合肥 450kg/hm^2，或用相同含量的碳酸氢铵和过磷酸钙，碳铵宜深施、磷肥宜浅施。

8 机械插秧

8.1 机具调试

机具调试方法和方式符合 DB42/T 713 的规定。

8.2 田间作业

田间作业的步骤和方法符合 DB42/T 714 的规定。

9 大田管理

9.1 追肥

氮肥根据施氮总量按基肥、分蘖肥、穗粒肥比例为 5：3：2 进行氮肥的运筹，钾肥和微肥适量追施。

9.1.1 分蘖肥

栽插后5~7d追施尿素作分蘖肥。早籼稻追施75kg/hm^2，晚粳稻追施75~120kg/hm^2。

9.1.2 穗粒肥

晒田后覆水时施穗粒肥（一般在倒4叶龄期）。早籼稻用尿素60~90kg/hm^2，晚粳稻用尿素90~120kg/hm^2。根据水稻长势适量追施钾肥和微肥。

9.2 水分管理

9.2.1 分蘖期水分管理

薄水灌溉，促进早生分蘖，培育健壮群体。

9.2.2 中期水分管理

当每平方米苗数达到300~375苗，晒田7~10d；之后，拔节至抽穗始期浅水勤灌，干干湿湿，每次水层2~3cm，待落干后再进行灌溉。

9.2.3 结实期水分管理

孕穗至扬花期深水灌溉，水层4~5cm；灌浆期后至乳熟期湿润灌溉，每次灌1cm左右的薄层水，干湿交替，保持田面潮湿。黄熟期自然落干，直至收割前7d彻底断水。

9.3 病虫害防治

农药的安全合理使用应符合GB/T 8321的要求。水稻主要病害防治应符合NY/T 2156的要求。机械化插秧水稻常见病虫害防治准则，参照表1。

表1 "早籼晚粳"双季机插秧栽培技术病虫害的防治方法

病虫	防治时期	防治药剂及用量 【g、mL（有效成分）/hm^2】	用药方法
稻蓟马	秧田卷叶株率15%，百株虫量200头；大田卷叶株率30%，百株虫量300头	吡虫啉30~45；啶虫脒9~13.5；乐果375~450	喷雾
稻水象甲	百穴有成虫30头以上	杀虫双750；噻虫腈7.5~15；乙酰甲胺磷750	喷雾
褐飞虱	卵孵高峰至1~2龄若虫期	噻嗪酮112.5~187.5；毒死蜱450~600、600~720（大发生时）；噻虫嗪7.5~15；异丙威450~600；吡蚜酮60~75	喷雾

（续表）

病虫	防治时期	防治药剂及用量 【g、mL（有效成分）/hm^2】	用药方法
白背飞虱	卵孵高峰至1~2龄若虫期	吡虫啉15~30；噻嗪酮112.5~150；毒死蜱360~600；异丙威450~600	喷雾
稻纵卷叶螟	卵孵盛期至2龄幼虫前	毒死蜱600~720；氯虫苯甲酰胺30；氟虫双酰胺30；呋喃虫酰肼150~180；丙溴磷600~720；杀虫双或杀虫单810~1080；苏云金杆菌（8 000IU/mg）3 750~4 500	喷雾
二化螟	卵孵高峰期	三唑磷300~450；氯虫苯甲酰胺30；氟虫双酰胺30；毒死蜱450~600；杀虫单675~945	喷雾
三化螟	卵孵盛期	三唑磷300~450；氯虫苯甲酰胺30；氟虫双酰胺30；杀螟丹600~750；杀虫单675~945	喷雾
稻叶蝉	卵孵高峰至1~2龄若虫期	异丙威900~1 200；敌百虫450~900；乐果375~450；噻虫腈15~22.5；艾美乐31.5~47.25	喷雾
秧苗立枯病	水稻秧苗2~3叶期	广枯灵45~90；敌克松875~975	喷雾
稻瘟病	发病初期	三环唑225~300；稻瘟灵600~800；异稻瘟净900~1 200；春雷霉素30~45；肟菌·戊唑醇168.75~225	喷雾
纹枯病	发病初期	井冈霉素150~187.5；苯醚甲环唑·丙环唑67.5~90；噻呋酰胺45.3~81.5；肟菌·戊唑醇112.5~168.75；己唑醇45~75	喷雾
白叶枯病	发病前期	叶枯唑300~375；噻森铜300~375；	喷雾
稻曲病	破口前3~5d	苯醚甲环唑·丙环唑67.5~90；戊唑醇77.4~90.3；肟菌·戊唑醇112.5~168.75；己唑醇52.5~75；琥胶肥酸铜375~450；络氨铜525~750；碱式硫酸铜254~339；腈苯唑54~72	喷雾

10 收获

早籼稻：当85%以上稻穗黄熟时，抢晴机械收割；晚粳稻：当90%以上稻穗黄熟时，抢晴机械收割。

双季稻“早直晚抛”高产栽培集成技术规程

前　言

湖北省地处南北过渡带，受倒春寒和寒露风的双重夹击，双季稻播期紧、劳动力强度大。受劳动力成本等影响，近年来，湖北省农民种植双季稻积极性不高，双季稻面积逐年下降。为了减轻双季稻生产的劳动强度，轻简化栽培成为了双季稻生产的技术需求。发展集省工、省力与高产、高效于一体的直播与抛秧稻作技术体系，能够使农民从弯腰屈背的传统生产中解放出来，可以有效减轻双季稻劳动强度、减少劳动力投入、提高生产效率。因此，形成湖北省双季稻“早直晚抛”高产栽培集成技术，并大面积推广与示范，对于保证湖北省的粮食安全、农业的可持续发展和农民增产增收与增效具有十分重要的意义。

1　范围

本规程规定了双季稻早直、晚抛的定义、品种及选择、生产操作技术、产地环境的要求。

本标准适用于鄂东南及江汉平原双季稻的生产。

2　规范性引用文件

下列文件中的条款通过本标准的引用而成为本标准的条款。凡是注日期的引用文件，其随后所有的修改单（不包括勘误的内容）或修订版均不适用于本标准，然而，鼓励根据本标准达成协议的各方研究是否可使用这些文件的最新版本。凡是不注日期的引用文件，其最新版本适用于本标准。

GB 4285—1989　农药安全使用标准
GB/T 8321　农药合理使用准则（所有部分）
GB 4404.1—2008　粮食作物种子　第1部分：禾谷类
GB/T 17891—1999　优质稻谷
GB 3095—1996　环境空气质量标准
GB 5084—1992　农田灌溉水质标准
GB 15618—1995　土壤环境质量标准
NY/T 496—2002　肥料合理使用准则　通则
NY/T 847—2004　水稻产地环境技术条件
NY/T 1607—2008　水稻抛秧技术规程

3　术语和定义

3.1　早直、晚抛 direct seeding of early rice and cast seeding of late rice

指以早稻直播、晚稻旱育抛栽为特色的双季稻轻简栽培技术。该技术早稻不经过秧田育秧，种子催芽破胸后直接撒播到大田；晚稻种子“旱育保姆”包衣后，旱育，将带土秧苗抛栽定植到大田。

3.2　“旱育保姆”“dry nursery nurse”

采用保水剂、缓释剂为基质，与特种矿质黏土混配，辅之杀菌剂、杀虫剂、植物生长调节剂和微量元素等功能性辅助剂复合而成的超细粉状种衣剂。

4　品种及田块选择

4.1　品种选择

以水稻生育特点、适应性和稻米品质为依据，选择茎秆粗壮、生育期适宜、抗倒力强的优良品种。

4.1.1　早稻品种

早稻以选用早熟品种为宜，如“鄂早18”“两优287”等。

4.1.1.1 “鄂早18”

全生育期114d，株型紧凑，生长势较旺，区试平均产量459kg/亩，主要理化指标达到国标三级优质稻质量标准。

4.1.1.2 “两优287”

全生育期113d，茎秆较粗壮，分蘖力中等，区试平均产量458kg/亩，主要理化指标达到国标一级优质稻质量标准。

4.1.1.3 “W两优3418”

全生育期107.4d，株型较紧凑，分蘖力较强，2005—2006年两年区试平均产量471.66kg/亩，比对照嘉育948增产5.23%，增产极显著。

4.1.2 晚稻品种

晚稻以选用早中熟品种为宜。

4.1.2.1 “中九优288”

全生育期116.7d，株型较紧凑，穗大粒多，区试平均产量533kg/亩，主要理化指标达到国标三级优质稻质量标准。

4.1.2.2 “荆楚优148”

全生育期117d，株型适中，茎秆粗壮，区试平均产量506kg/亩，主要理化指标达到国标三级优质稻质量标准。

4.1.2.3 “岳优9113”

全生育期116d，株高适中，分蘖力强，有效穗多，区试平均产量519kg/亩，主要理化指标达到国标三级优质稻质量标准。

4.2 田块选择

选择排灌条件好的田块，低洼积水田、冷浸田一般不宜直播。

5 早稻直播

5.1 播前准备

5.1.1 种子准备

浸种前进行精选和晒种，提高种子发芽率。浸种后进行催芽处理。

5.1.2 大田准备

大田整地质量要求做到“早、平、适、畅”。“早”即早翻耕；“平”即田面平；“适”即畦面软硬适中，防止田面过软，一般作畦后隔日播种；

“畅”即沟渠畅通，要开好厢沟、腰沟和围沟。同时施足底肥，播前一天放干田内水。

5.2 适期播种

5.2.1 播种期

选择在4月1—10日。抢冷尾暖头播种。

5.2.2 播种量

“鄂早18”用种3~5kg/亩，“两优287”用种1.5~2.0kg/亩。采用分厢定量播种，均匀撒播。分2次播种，第1次占总播量的2/3，第2次占总播量的1/3。

5.3 及时匀苗

秧苗在2~4叶期进行匀苗，移密补稀，确保全田均匀。

5.4 化学除草

在播种后2~3d放干田水，每亩用60%丁草胺乳油100g加水40kg或用扫弗特75mL加水40~50kg喷雾；2~4叶期，每亩用50%快杀稗200mL加水35kg喷雾，并灌好促蘖水；对残留下来的零星杂草，人工拔除。

5.5 平衡施肥

原则：氮、磷、钾的合理配比为2∶1∶1，施纯氮量9~12kg/亩，基肥、分蘖肥、穗肥的合理配比为5∶3∶2，做到“少吃多餐”。

5.5.1 底肥

选用$N_{15}P_{15}K_{15}$三元复合肥30~35kg/亩，或用相同含量的碳酸氢铵和过磷酸钙，要注意碳铵深施、磷肥面施，适当增施有机肥。

5.5.2 分蘖肥

一般分两次施用，第一次在3叶期，用尿素3kg/亩，第二次在6~7叶期，用尿素4kg/亩。

5.5.3 穗肥

在倒4叶时，用尿素3~4kg/亩。

5.6 科学管水

5.6.1 前期

播种后4~6d内采用干旱管理，促根系下扎，促全苗。若如遇倒春寒，则应放干田水和施草木灰防寒保温，防止芽谷缺氧窒息，不能灌深水。秧苗1.5~2叶期上2cm以下浅水层，结合化学除草。

5.6.2 中后期

干湿交替，湿润为主，苗数达到20万时，及时晒田，浅水抽穗扬花，湿润灌浆，收割前7d断水。

5.6.3 病虫害防治

重点防治好稻瘟病、稻纹枯病、稻纵卷叶螟、螟虫、稻飞虱、稻曲病和稻白叶枯病等病虫害。

5.6.4 及时收获

85%以上稻粒黄熟时，抢晴收割。早稻收获后，抢时整田。

6 晚稻抛栽

6.1 旱育苗床选用与整理

6.1.1 苗床选用

选用土质砂黏适中的菜园地、高爽旱地或易排水的水田均可作苗床。

6.1.2 菜园地或旱地

要求土质蔬松、肥沃、背风、向阳。最好采用菜园地。

6.1.3 水田

要求田块肥沃、背风、向阳，提前15~30d开沟排水，利于翻耕爽土。

6.1.4 备足苗床

每亩大田备40~50m^2的苗床。

6.1.5 苗床整理施肥

6.1.5.1 整床开厢

播种前3~10d，选晴天翻耕，干耕干整开厢，净厢宽1.5m左右，厢沟宽0.5m，厢沟深0.2m，四周深挖围沟，以利排水，要求床土表层松软，床面平整，厢沟平直。

6.1.5.2 施足底肥

结合耕整，每亩苗床施粪肥 100 担或复合肥 40 kg 作基肥，与床土充分拌匀。

6.1.5.3 浇水

播种前浇一次透水，达到厢面 5~10cm 土层水分饱和，方可播种。

6.2 药剂选择和盖土准备

6.2.1 药剂选择

选用籼稻专用型“旱育保姆”。

6.2.2 盖土准备

应选无盐碱、杂草少、有机质含量高的菜园土（或混兑少量的土砖土）作盖土，按 500kg/50m^2 准备盖土。

6.3 适时播种

6.3.1 播种期

6 月 15—23 日播种，秧龄 25~28d。

6.3.2 播种量

每亩大田用种 1.5~2kg。

6.4 “旱育保姆”旱育秧

6.4.1 种子处理

浸种前进行晒种和精选，提高种子发芽率。

6.4.2 浸种、催芽与包衣

浸种 12h 或破胸露白，滤干水后及时拌种。1 袋旱育保姆拌 0.75kg 杂交种。拌种方法是先将旱育保姆倒入盆中，再逐步加入种子簸动拌匀，让药剂充分包裹在种子上。注意药剂拆封后要及时拌种，拌药后的种子要及时播种以免凝结成块。

6.4.3 精细播种

杂交种播种 42g/m^2，采用少量多次均匀播种。

6.4.4 盖土施药

播种后撒细土盖种，厚度以不见种子为宜，盖土后喷施旱地育秧除草剂除草，盖草保湿。

6.5 苗床管理

6.5.1 灌水

3叶期前保持床土湿润，用喷壶施水；3叶期后实行旱育管理。

6.5.2 掀草

齐苗后掀草，掀草时要浇适量的水分。

6.5.3 追肥

二叶一心可结合浇水追肥，施尿素150~200g/50m^2；抛秧前，施复合肥350~400g/50m^2。

6.5.4 防治病虫害

防治秧床虫害（稻蓟马）可用40%氧化乐果乳油500倍液喷洒；预防白叶枯，在起秧前4~5d每亩用20%叶枯宁可湿性粉剂100g兑水50kg喷洒；预防立枯病，可于播前3~5d施用敌克松等药剂，用量为100~150g/m^2。

6.6 抛栽移植

6.6.1 大田准备

大田耕翻要达到“浅、平、糊、净”的标准。抛秧时保持大田薄层水。

6.6.2 苗床准备

“旱育保姆”旱育秧在抛栽前一天，对苗床浇水湿透，便于形成土球。

6.6.3 抛栽时间

抛秧应选在晴天16时后或阴天进行，避免在高温天上午或大雨天操作。

6.6.4 抛栽密度

抛植密度要根据品种特性、秧苗素质、土壤肥力、施肥水平、抛秧期及产量水平等因素综合确定。一般抛2.0万~2.2万蔸/亩。

6.7 大田管理

6.7.1 化学除草

抛秧后4~5d，结合施肥施用抛秧型除草剂，每亩选用18.5%抛秧净粉剂20~25g或53%苯噻·苄粉剂35~40g拌细土或尿素后撒施灭草，并保持田水3~5d。

6.7.2 水分管理

6.7.2.1 抛秧

抛后3d内保持田面湿润，抛后第4d灌浅水，上水扶苗。

6.7.2.2 立苗

立苗后，浅水灌溉。

6.7.2.3 及时晒田

当群体茎蘖数达预期穗数17万~19万穗时提早晒田控苗，防止一次性晒田过度。

晒田后，实行“浅水硬板灌溉”，防止后期倒伏。

6.7.3 肥料施用

抛植秧苗前期发苗快、后期易脱肥，氮肥使用适当后移，基蘖肥与促花肥保花肥的比例为（70%~75%）：（30%~35%）。

6.7.3.1 底肥

施$N_{15}P_{15}K_{15}$三元复合肥40~50kg/亩。

6.7.3.2 分蘖肥

扎根立苗后施尿素12~13kg/亩。

6.7.3.3 穗粒肥

剑叶露尖前后施尿素5kg/亩。

6.7.4 病虫害防治

旱育抛秧水稻与其他栽培模式水稻的病虫害发生规律和防治方法大同小异，要切实做好稻瘟病、纹枯病、白叶枯病、稻曲病及二化螟、三化螟、稻纵卷叶螟、稻飞虱等病虫害的防治。

6.8 及时收获

当95%左右的稻穗黄熟时，抢晴收割。

虾稻田病虫害绿色防控技术规程

前　言

绿色防控主要根据“预防为主、综合防治”的植保方针，结合现阶段植物保护的现实需要和可采用的技术措施，形成的一个技术性概念。其内涵就是按照“绿色植保”理念，采用农业防治、物理防治、生物防治、生态调控以及科学、合理、安全使用农药的技术，达到有效控制农作物病虫害，确保农作物生产安全、农产品质量安全和农业生态环境安全，从而促进农业增产、农民增收。

近年来，随着农业供给侧结构性改革和农业结构调整的深入发展，荆州市虾稻生产发展迅猛，2019 年面积达 280 万亩左右，为稳定粮食生产、确保农民增收做出了重要贡献。为了促进荆州市稻田综合种养的可持续发展，进一步规范稻虾综合种养病虫害绿色综合防控技术，达到降低稻虾生产中病虫危害，减少稻虾田化学农药的投入，实现“双水双绿”目标，针对荆州市稻虾田病虫害发生发展的特点，制订荆州市稻虾田病虫害绿色综合防控技术标准，对提高稻虾田粮食综合生产能力，促进农民增收和虾稻产业绿色可持续发展有着十分重要的意义。

1　范围

本规程规定了虾稻田综合种养的定义及养虾稻田环境条件、小龙虾喂养、水稻种植、病虫害绿色防控技术操作规范。

本规程适用于荆州市及江汉平原其他虾稻田综合种养区域。

2 规范性引用文件

下列文件对于本文件的应用是必不可少的。凡是注日期的引用文件，仅所注日期的版本适用于本文件。凡是不注日期的引用文件，其最新版本（包括所有的修改单）适用于本文件。

GB 5084 农田灌溉水质标准

GB 11607 渔业水质标准

NY/T 391 绿色食品 产地环境质量条件

NY/T 393 绿色食品 农药使用准则

NY/T 394 绿色食品 肥料使用准则

NY/T 1534 水稻工厂化育秧技术规程

SC/T 1132 渔药使用规范

HYGC 02/516 潜江龙虾“虾稻田共作”技术规程

3 术语与定义

本规范所指的小龙虾，拉丁学名：*Procambarus clarkii*，也称克氏原螯虾，俗称淡水小龙虾。

3.1 虾稻田综合种养 integrated planting and breeding with rice-shrimp

利用农业生态学原理，构建稻田稻、虾共生系统，通过水稻种植、小龙虾养殖及留种、保种和田间施肥、水位调控、病虫绿色防控等配套措施，提升系统综合生产力，实现既种稻，又养虾，虾稻田互利共生的一种纯生态综合种养模式。主要有虾稻田连作、虾稻田共作等模式。

3.2 虾稻田综合种养 integrated planting and breeding with rice-shrimp

从农田生态系统整体出发，以农业防治为基础，物理防治、生物防治、生态调控、化学防治相结合，积极保护利用天敌，恶化病虫的生存条件，将病虫危害损失降到最低限度。是持续控制病虫灾害，保障农业生产安全的重要手段。

4 虾稻田水稻绿色防控

4.1 稻田环境

产地环境符合 NY/T 391 绿色食品产地环境质量条件；改造参照 DB 42/T 496 技术规程和 HYGC 02/516 技术规程；灌溉水质应符合 GB 11607 标准和 GB 5084 标准规定。

4.2 农业防治

（1）选用株型紧凑、高抗病虫、控倒伏、耐高温、品质好、生育期适中等综合性状好的优良品种；播种前进行晒种和种子消毒处理；秧苗培养遵从 NY/T 1534 水稻工厂化育秧技术规程。

（2）在成虫羽化前提早翻耕、深水灭蛹。4 月上旬，直接灌水翻耕，将稻桩翻入泥内，保水 3~5d，未翻耕的虾稻田灌深水淹没稻桩保水 5~10d。

4.3 生物防治

（1）种植蜜源植物：3 月底到 4 月初，在田埂上种植大豆或芝麻等显花作物，为寄生蜂提供蜜源。

（2）种植香根草：3 月底到 4 月初，在田埂上种植香根草，密度每穴 3~4 株，穴距 3~5m，诱集螟虫产卵。

（3）释放赤眼蜂：在二化螟产卵盛期释放赤眼蜂，每亩投放 5 个点共 10 000 只，共放 3 次，每隔 3~5d。投放时，挂蜂卡到水稻植株顶部距离 1~10cm 为宜，并按植株生长的变化移动蜂卡的位置。

4.4 物理防治技术

（1）太阳能频振灯诱杀：利用害虫的趋光特性，选择波长范围为 320~400nm 的太阳能频振杀虫灯。每 $2hm^2$ 安装 1 盏灯，采用井字型或之字型排列，间距 150~200m。主要诱杀二化螟、三化螟、稻纵卷叶螟等多种水稻害虫，在成虫羽化高峰期，天黑开灯，凌晨 1 点关灯，注意及时清理虫袋。

（2）性诱捕技术：利用性引诱剂诱杀成虫。二化螟防治：播种前在田埂每隔 20m，放置 1 个桶式（或者水盆湿式）诱捕器，装好诱芯，每月换一次诱芯，水稻种植以后移入稻田，每亩放置 2 个诱捕器，直至齐穗期。稻纵卷叶螟防治：水稻到分蘖期之后，每亩放置 2 个诱捕器，每月换一次诱芯，直至齐穗期。注意：诱捕器应高出水稻 30cm，不同害虫的诱捕器应该尽量相隔 30m 以上。

4.5 化学防治

水稻化学防治遵从 NY/T 393 绿色食品农药使用准则。防治措施参见表 1。

表 1 虾稻田综合种养水稻常见病虫害发生特点及防治方法

防治对象	发生特点	防治药剂	防治指标	用药方法
稻飞虱	第三代发生在分蘖期，发生较轻；第四代高峰期一般发生在 8 月中下旬	吡蚜酮、噻嗪酮、烯啶虫胺	孕穗期每百丛水稻有虫 1 000~1 500 头	喷雾
稻纵卷叶螟	虾稻分蘖期至孕穗期为发生高峰期，利于稻纵卷叶螟产卵及孵化	1%苦参碱、Bt 制剂、多杀菌素等生物源农药	100 丛分蘖期有虫 40 头，穗期有虫 20 头	喷雾
二化螟	二化螟主要危害代为第二代，较常规中稻田减轻 50%以上	1%苦参碱、Bt 制剂、多杀菌素、苏云金杆菌等生物源农药	孵化高峰，丛害率 1.5%~2.5%，株害率 0.5% 高峰后 2~3d，丛害率 2%~3.5%，株害率 1% 高峰后 5~7d，丛害率 2%~3.5%，株害率 1% 卵孵化盛期，丛害率 1%~1.5%，株害率 0.1%	喷雾
三化螟	三化螟发生相对较轻，主要发生在孕穗期	1%苦参碱、Bt 制剂、多杀菌素、苏云金杆菌等生物源农药	蚁螟孵化盛期，卵块或枯心团超过 120 个/亩 蚁螟盛孵期内，破口 5%~10%防“白穗”	喷雾
稻瘟病	主要发生在 8 月下旬，以穗颈瘟为主，病穗率一般为 0%~15.8%	井冈霉素、纹曲宁、枯草芽孢杆菌等	破口前 1~2d	喷雾
纹枯病	纹枯病与一季中稻发病程度无差异，严重时病指达 30 以上	井冈霉素、纹曲宁、枯草芽孢杆菌等	破口前 1~2d	喷雾
稻曲病	主要发生在 8 月下旬，稻曲病病穗率一般为 1.6%~24.5%	井冈霉素、纹曲宁、枯草芽孢杆菌等	破口期前 3~5d 进行	喷雾

5 小龙虾病害防治

5.1 主要病害

荆州市稻田小龙虾主要病虫害：烂鳃病、纤毛虫病、甲壳溃烂病、白斑综合征、黑鳃病、出血病等。

5.2 生态防控

（1）种苗：选择强壮种苗，尽量保证虾苗规格在0.8cm左右，虾种规格在3~5cm。运输和投放虾苗虾种时，不堆压和损伤虾体。

（2）种植水草：在上一年的10月底或本年3月种植，行距2m，株距0.5~1m；高温季节及时割掉伊乐藻补充水花生，减少虾病原传播。

（3）适当晒田：水稻收割后，及时晾晒田面和虾沟，增进土壤呼吸，增加微生物活性，灭杀病菌，抑制病原体传播。

（4）合理捕捞：及时捕捞成虾，保证田间小龙虾的密度适当，提高小龙虾抗病力。

（5）水体质量：小龙虾养殖水体质量符合GB 5084农田灌溉水质标准和GB 11607渔业水质标准。

5.3 化学防治

小龙虾病害化学防治遵从SC/T 1132渔药使用规范。防治措施详情见表2。

表2 虾稻田综合种养小龙虾常见病虫害防治

防治对象	症状	防治方法
烂鳃病	病原为细菌。症状为病虾鳃丝发黑，局部霉烂	（1）保持水质，水体中溶氧在4mg/L以上，避免水质被污染。（2）用2g/m³漂白粉溶水全池泼洒，可以起到较好的治疗效果
纤毛虫病	常见病原有钟形虫、纤毛虫。附着在成虾、幼虾和受精卵体表、附肢、腮等部位；尤其在鳃上大量附着时，会引起虾缺氧而窒息死亡	（1）用生石灰清塘，杀病原。（2）用0.3mg/L四烷基季铵盐络合碘全池消毒。（3）保持合理的放养密度，经常换新水，保持水质清新

（续表）

防治对象	症状	防治方法
甲壳溃烂病	细菌感染。病虾甲壳出现颜色较深的斑点或溃烂	（1）饲料投放充足、防止争斗、损伤。（2）加强水质管理，用（2~3）g/m^3的漂白粉全池消毒。（3）减少人工打捞
白斑综合征	白斑综合征病毒所引起。病虾食量发生骤减、行动多无力，行动呆滞，常潜伏水池底部不动，头胸甲与腹部甲极易剥开，内可见大量白色斑点	（1）定期用300g/亩左右的绿水安调节水质效防止白斑综合征的发生。（2）在病虾的发病过程中，应尽量减少投喂量，避免病症的进一步加重与扩散
黑鳃病	属于半知菌类。病虾腮部由原始的微红色逐渐转变为褐色或淡褐色；常浮出水面，行动呈现迟缓	（1）利用生石灰对养殖池进行彻底清洁（2）使用溴氯海因粉100g/亩进行全池泼洒消毒。（3）保持水质
出血病	由产气单胞菌引起。病虾其表面布满了形状各异、大小不一的出血点，肛门红肿的现象	（1）使用250mL/亩的菌毒净，保证药物泼洒频率为每月一次。（2）将菌克掺在小龙虾的饲料中进行投喂，连续喂养5d，即可缓解出血病的蔓延

虾稻共作模式优质稻机插栽培技术规程

前　言

虾稻共作实践生产中，主要存在以下3个方面的突出问题：一是现应用的品种更新慢，老的品种在生育期、稻米品质、抗倒伏等性状上不能适应虾稻共作生产；二是虾稻共作模式中由于稻田土长期处于淹水状态下，土壤次生潜育化程度加重，实际生产中带来了机械陷机现象普遍，如何优化水分管理和改进机械耕整技术是亟需解决的问题；三是虾稻共作模式下水稻肥料施用量普遍偏大，加上人工施肥成本大，机械化程度低，如何降低肥料施用量和提高施肥效率也是当前需要解决的问题。为引导和规范湖北省乃至全国虾稻共作模式健康持续发展，改善目前“重虾轻稻”的思想，提高种植效益进而进一步提高种养效益，我们借鉴有关资料和生产实践经验，总结了成熟技术，开展了前期试验，在虾稻共作的高档优质稻绿色栽培技术上取得了一定突破和试验资料，提出了虾稻共作模式高档优质稻机械栽培绿色栽培技术要点。可以整合现有技术和条件，优化虾稻模式下水分管理技术和减少肥料施用量提高肥料利用率，为虾稻共作模式下高档优质稻机械插秧栽培提供技术支持，进一步提高虾稻共作模式经济效益，改善“虾强稻弱”的局面，稳定粮食安全生产。

1　范围

本文件规定了稻虾模式下优质稻机械栽插技术的术语和定义、品种选择、田块要求、机插要求、田块耕整、田间管理和收获。

本文件适用于湖北省稻虾共作区，长江中游生态条件相似稻虾共作区可参照执行。

2 规范性引用文件

下列文件中的内容通过文中的规范性引用而构成本文件必不可少的条款。其中，注日期的引用文件，仅该日期对应的版本适用于本文件；不注日期的引用文件，其最新版本（包括所有的修改单）适用于本文件。

GB 5084 农田灌溉水质标准

GB/T 8321.10 农药合理使用准则（十）

GB 15618 土壤环境质量农用地土壤污染风险管控标准（试行）

GB/T 17891 优质稻谷

GB/T 20864 水稻插秧机 技术条件

NY/T 593 食用稻品种品质

NY/T 1534 水稻工厂化育秧技术规程

NY/T 2156 水稻主要病害防治技术规程

DB42/T 713 机动水稻插秧机 操作规程

DB42/T 714 机动水稻插秧机 作业质量

DB42/T 1193 虾稻共作养殖技术规程

3 术语和定义

下列术语和定义适用于本文件。

3.1 稻虾共作模式 rice-crayfish coculture

稻虾共作模式是指利用稻田种植一季水稻、收获两季小龙虾的稻田综合种养模式。是指在灌溉方便、或地下水丰富的水网农区，每年的8—9月在中稻收割前投放亲虾，或9—10月水稻收获后投放幼虾，第二年4月至5月下旬收获成虾，同时补投幼虾，5月底至6月初整田插秧，8—9月再收获一次成虾，如此循环重复的种养模式。也称稻虾共生模式。

3.2 小龙虾 crayfish

小龙虾，学名克氏原螯虾（*Procambarus clarkii*），形似虾而甲壳坚硬，成体长5.6~11.9cm，暗红色，甲壳部分近黑色，腹部背面有一楔形条纹，是淡水经济虾类。在动物分类学上隶属节肢动物门（*ArGthropoda*）、甲壳纲（*Crus-*

tacea）、十足目（*Decapoda*）、蝲蛄科（*Astacidae*）、原螯虾属（*Procambarus*）。

4 品种选择

稻虾共作模式第一季小龙虾捕捞时间在 6 月中旬结束的可选择中稻品种，第一季小龙虾捕捞时间在 7 月中旬结束的可选择晚稻品种。

中稻品种通过国家审定（包括湖北省种植区域）、湖北省审定（含引种备案），米质应达到国标 GB/T 17891 中规定的二级以上要求或行标 NY/T 593 中规定的二级要求。

晚稻品种通过国家审定（包括湖北省种植区域）、湖北省审定（含引种备案），米质应达到国标 GB/T 17891 中规定的二级以上要求或行标 NY/T 593 中规定的二级要求。

5 田块要求

田块选择要求远离工业污染源，水源充足，排灌方便，保水性能好，不宜选择砂性土壤田块，田块大小以 26 668 ~ 33 335m^2 为宜，有毒有害物质限量符合 GB 15618 要求的稻田。

5.1 稻田改造

按照 DB 42/T 1193 所规定的要求执行。

5.2 灌溉水

农田灌溉水质应符合 GB 5084 的规定。

6 机插要求

6.1 插秧机要求

水稻插秧机应符合 GB/T 20864 的要求；其操作规程符合 DB 42/T 713 要求，作业质量符合 DB 42/T 714 的要求。

6.2 工厂化育秧

水稻工厂化育秧技术符合 NY/T 1534 的要求。

7 田块耕整

7.1 整地

整地采用船式拖拉机或履带式拖拉机配套相应旋耕机具，进行浅旋浅整，一次完成旋耕、碎土、起浆、平田作业，耕层深度80.0~120.0mm。

7.2 沉田

耕整后田块表面高低落差≤2.0cm。泥浆深度为3.0~5.0cm，水深为2.0~3.0cm，沉实1~2d，达到泥水分清，沉淀不板结。

8 田间管理

8.1 播种期

生育期在125d以内的中稻品种适宜播种期为5月15—20日，生育期大于125d的中稻品种适宜播种期为5月10—15日；生育期在120d以内的晚稻品种适宜播种期为6月22—25日，生育期大于120d的晚稻品种适宜播种期在6月18—22日。

8.2 施肥

8.2.1 施肥原则

稻虾共作模式下施肥量一般较常规稻田减少20%~50%，随着养虾年限的增加而减少水稻施肥量。要注意防倒提质，需增施钾肥、硅肥，补充锌肥；禁止使用碳酸氢铵与氨水。

8.2.2 常规复合肥抛撒面施

常规复合肥抛撒面施，氮肥运筹按基肥：蘖肥：穗肥=5：3：2，磷肥、硅肥和锌肥作基肥一次性施入，钾肥按基肥：穗肥=5：5施入。推荐肥料施用量为：氮肥（N）9~10kg/亩、磷肥（P_2O_5）4.5~5kg/亩、钾肥（K_2O）7~8kg/亩、硅肥（SiO_2）1.0~1.5kg/亩、锌肥（Zn）0.06~0.12kg/亩。

8.2.3 缓释肥机插同步侧深施

肥料选用缓释肥采用机插秧同步侧深施，随机插秧同步施入。氮肥运筹按基肥：蘖肥=7：3，即不施穗肥，磷肥、硅肥和锌肥作基肥一次性施入。推荐肥料施用量为：氮肥（N）7.6~9kg/亩、磷肥（P_2O_5）3.8~4.5kg/亩、钾肥（K_2O）5.9~7.2kg/亩、硅肥（SiO_2）1.0~1.5kg/亩、锌肥（Zn）0.06~0.12kg/亩。

8.3 水分管理

8.3.1 插秧前

插秧前一天将田面水层调整至薄水层（1.0~2.0cm），利于插秧。

8.3.2 活棵返青期

机插后灌浅水层（3.0~4.0cm）护苗，促早返青、早分蘖。

8.3.3 分蘖期

分蘖期以浅水灌溉，自然落干后再灌溉浅水，干湿交替培育健壮群体。

8.3.4 拔节孕穗期水分管理

当茎蘖数达到穗数的80%，开始晒田，采用两次晒田，第一次晒田7d左右，覆水后一周开始第二次晒田，两次均为轻晒；之后，拔节至抽穗始期灌20.0cm以上水层，以利于小龙虾在稻田内的活动。

8.3.5 抽穗期至成熟期水分管理

抽穗扬花期灌深水，水层20.0cm以上；至乳熟期后开始湿润灌溉，每次灌1.0cm左右的薄层水，干湿交替，保持田面潮湿。黄熟期自然落干，直至收割前7d彻底断水，水分落到养殖沟内田面以下30.0cm。

8.4 病虫害防治

农药的安全合理使用应符合GB/T 8321.10的要求。水稻主要病害防治应符合NY/T 2156的要求。稻虾共作模式下优质稻常见病虫害防治以稻瘟病、纹枯病、稻曲病、二化螟和稻纵卷叶螟为主。禁止使用菊酯类农药、有机磷类、阿维菌素类及对小龙虾有毒性的农药。

9 收获

收获前7d将养殖沟中水位逐渐落干至田面以下30cm，黄熟期抢晴机械收割，收割时秸秆留茬高度为35~40cm，收获后晒田3~4d即可覆水淹没稻田促小龙虾繁育。

稻田套养“蛙、鱼”技术规程

前　言

稻田套养“蛙、鱼”以稻田为基础，遵循自然、立体、循环生态学原理，将水稻种植与青蛙和鱼养殖有机结合，产出高效、产品安全、资源节约、环境友好，符合现代农业的发展趋势。每亩可产出青蛙750kg、稻谷250kg、泥鳅150kg、鱼100kg，收益是单一种植水稻的十几倍，对破解传统单一水稻种植投入多、回报低的困局，推进农业供给侧结构性改革，助力乡村振兴具有十分重要的意义。为规范稻田套养“蛙、鱼”的技术操作，推动稻田套养“蛙、鱼”标准化生产应用，特制定本文件。

1　范围

本文件规定了稻田套养“蛙、鱼”技术规程的术语和定义、稻田条件、水稻栽培与管理、苗种投放、饲料投喂、养殖管理、捕捞等内容。

本文件适用于黄冈市稻田套养“蛙、鱼”的技术操作，其他条件相似的地区亦可参照使用。

2　规范性引用文件

下列文件中的内容通过文中的规范性引用而构成本文件必不可少的条款。其中，注日期的引用文件，仅该日期对应的版本适用于本文件；不注日期的引用文件，其最新版本（包括所有的修改单）适用于本文件。

GB 4404.1　粮食作物种子　第1部分：禾谷类

GB/T 8321　农药安全合理使用准则（所有部分）

GB 11607　渔业水质标准

GB 13078　饲料卫生标准

NY/T 496　肥料合理使用准则 通则

NY/T 2156　水稻主要病害防治技术规程

NY 5051　无公害食品　淡水养殖用水水质

NY 5071　无公害食品　渔用药物使用准则

NY 5072　无公害食品　渔用配合饲料安全限量

3 术语和定义

下列术语和定义适用于本文件。

3.1 稻田套养“蛙、鱼” inter-cropping “frog and fish” in paddy field

稻田经过改造，自然生态环境下养殖青蛙、泥鳅和鱼，水稻种植期间青蛙、泥鳅和鱼与水稻在稻田中同生共长。

3.2 苗种 fingerlings

青蛙、泥鳅和鱼的幼体。

3.3 日龄 days old

以日为单位表述蝌蚪存活的时间。

4 产地条件

4.1 环境

稻田周边环境良好，远离污染源，水源充足，保水性能好，排灌方便，光照充足。

4.2 水质

应符合 GB 11607 和 NY 5051 的规定。

4.3 套养面积

面积大小不限，一个单元以 667～2 000m^2 为宜，以 1 333m^2、长宽比 3∶1 为佳。

4.4 场地改造

4.4.1 开沟

离稻田田埂内缘 2～3m 处开挖围沟，1 333m^2 以上稻田需在田中间开挖中沟，沟宽 1.0～1.5m，沟深 0.6m。

4.4.2 筑埂

利用开沟泥土加高、加固田埂。每加一层泥土夯实，田埂高于田面 0.4～0.6m，宽 0.5m 以上。

4.4.3 机耕道

在稻田一端修建机耕道。宽 4m，下埋直径 20cm PVC 管连通两侧水体。

4.5 搭建喂食台

利用开沟泥土搭建喂食台，台面高于田面 0.1～0.2m，台宽 1.5～2.0m。

4.6 进排水设施

4.6.1 进、排水渠道

进、排水渠道分别建在稻田两端的田埂外。

4.6.2 进、排水口

进水口建在围沟高处，排水口建在围沟低处，用 60 目的聚乙烯网过滤进、排水。

4.7 围网设施

4.7.1 防逃设施

田埂内沿用聚乙烯网片设防逃设施，埋入地下 0.2m，地上部分露出 1.0～1.2m。

4.7.2 防害设施

种养基地四周用高 1.0～1.2m 彩钢瓦建立防蛇、鼠等设施，彩钢瓦外围插接高 2.5～3.0m 的支撑杆，支撑杆上部用铁丝连接，铁丝上方架设防鸟网。

4.8 水草种植

围沟内种植适量水花生、水葫芦或狐尾草等，避免水草完全覆盖水面，造成水体底部缺氧、少光。

4.9 池水管理

4.9.1 清池

稻田改造完成后，用专用清塘产品（漂白粉、生石灰、菜籽饼等）进行彻底清池。

4.9.2 消毒

提前 15~20d，用生石灰 50~100kg/亩遍撒消毒；或提前 5~7d，用聚维酮碘或二氧化氯遍撒消毒。

4.9.3 培肥

用生物鱼肥、EM 菌或乳酸菌培肥水质至青绿色。

5 水稻栽培与管理

5.1 品种选择

选用国家（含湖北区域）或湖北省审定，生育期 130~140d 的高产、优质、抗病抗倒、株型紧凑的品种。种子质量应符合 GB 4404.1 的规定。

5.2 稻田耕整

3 月上旬进行耕整，也可采用免耕插秧法，避免伤害苗种。

5.3 插植规格

行距 40cm 左右，株距 30cm 左右，杂交稻每穴 2~3 苗，常规稻 4~6 苗。

5.4 施肥

原则上整个生育期不施肥，可根据苗情和叶色追施少量符合 NY/T 496 规定的肥料，严禁施用对青蛙和鱼有害的肥料，如氨水和碳酸氢铵等。

5.5 病虫草害防治

病虫害根据田间发生情况，以物理防治和生物防治为主。安装杀虫灯、释放天敌、性诱剂、种植鼠尾草、香根草等防治虫害。喷施生物农药防治病害，防治过程应符合 NY/T 2156 的规定。

草害在育秧苗床上使用符合 GB/T 8321 规定的化学农药防治。

5.6 其他

参照本地常规水稻栽培进行。

6 苗种投放

6.1 品种选择

6.1.1 青蛙

适应能力强的黑斑侧褶蛙或虎纹蛙。

6.1.2 泥鳅

台湾泥鳅。

6.1.3 鱼

鲫鱼、鲤鱼和草鱼等。

6.2 苗种准备

6.2.1 青蛙

遵循就近、安全原则，挑选规格整齐，无病害的卵块或蝌蚪。

6.2.2 泥鳅

从良种场挑选孵化后养殖一段时间的健壮鳅苗，以体重规格每尾达 10~15g 为宜。投放前 1~2d 使用生物解毒改底产品兑水体进行解毒改底，以确保鳅苗成活率。

6.2.3 鱼

从良种场挑选优质鱼苗。投放前用浓度为 3%~5%的食盐水浸泡鱼苗 3~5min 消毒。

6.3 苗种投放

6.3.1 青蛙

3月中旬至4月上旬，按100~150块/亩投放卵块；或者3月下旬至4月中旬，按10万~15万尾/亩投放蝌蚪。卵块按条均匀的放在水深2~3cm的地方；蝌蚪投放时应先将氧气袋放入水中，30min后再将蝌蚪从氧气袋中放出。

6.3.2 泥鳅

水稻插秧后7~10d，水温20℃以上，按5 000~8 000尾/亩投放鳅苗，避免阳光直射。

6.3.3 鱼

水稻插秧后10~15d，在晴天早晨、傍晚或阴天按8~10kg/亩投放，避免阳光直射。

7 饲料投喂

7.1 饲料要求

应使用符合GB 13078和NY 5072规定的新鲜、无霉变的饲料。

7.2 青蛙

7.2.1 蝌蚪期

生长初期（1~10日龄）。3日龄内不投食，3日龄后按每万尾蝌蚪投喂20g/d蝌蚪专用配合饲料的标准定时投喂。

生长前期（10~20日龄）。按每万尾蝌蚪投喂250g/d蝌蚪专用配合饲料的标准定时投喂。

生长中后期（20~75日龄）。按每万尾蝌蚪投喂500g/d蝌蚪专用配合饲料的标准定时投喂。

7.2.2 青蛙期

制作饵料台。饵料台框为光滑半圆木，底为铁丝网或聚乙烯网片，置于喂食台上，间隙2~3cm。

幼蛙投饲。以多点、少量、多次投喂原则将含有40%动物蛋白的青蛙专用配合饲料撒在饵料台上，训化幼蛙定点摄食，日投喂量为体重的2%为佳。

成蛙投饲。使用含有36%动物蛋白的青蛙专用配合饲料进行饲喂，日投喂量一般为体重的8%～10%，以2h左右吃完为宜，每天早晚各投喂1次。

7.3 泥鳅

每万尾投喂泥鳅专用饲料250g/d，可根据泥鳅体重逐天增加，但每天增加量不超过50g/万尾。投喂时将饲料均匀的投入水沟，每天早晚各投喂1次。

7.4 鱼

可不投或少投饲料，以青蛙和泥鳅残留的饲料、水田杂草以及水面的稻花为饲料生长。

8 养殖管理

8.1 水位控制

以蝌蚪生长期为主，蝌蚪10日龄之前，稻田保持水深10～20cm；10～20日龄，稻田保持水深15～25cm；50日龄以后，逐渐降低水位，水陆各半，以利于幼蛙上岸。水稻移栽后，不影响水稻正常生长的情况下，保持水沟水深55cm左右，喂食台上无积水。

8.2 水质调节

定时清扫饵料台。每隔数天换一次池水或每7d用水产专用消毒剂全池泼洒消毒。遇大雨致池水搅浑，应于次日，全池消毒。

8.3 环境保持

保持环境幽静，尤其在高温时段，避免环境噪音惊扰青蛙。

8.4 病虫害防治

8.4.1 青蛙

常见疾病和寄生虫、症状及防治药剂见表1，药物应符合NY 5071的规定。

8.4.2 泥鳅

常见疾病和寄生虫、症状及防治药剂见表2，药物应符合NY 5071的规定。投苗后7~10d重点防治车轮虫，7—9月重点防治打印病。

8.4.3 鱼

常见疾病、症状及防治药剂见表3，药物应符合NY 5071的规定。

8.5 巡池检查

每天早晚各巡池一次，检查青蛙、泥鳅、鱼的活动情况。观察水质变化，定期检测水体pH值、亚盐、氨氮等理化指标。检查田埂有无渗漏，防逃网是否牢固。

表1 青蛙常见疾病和寄生虫、症状及防治药剂

病名	症状	防治药剂
红腿病	蝌蚪腹部、肛门附近及尾部有出血斑块，在水面打转，腹部有血水流出；蛙四肢和爪掌充血发炎或发红，身体各部位均有出血点	消毒：二氧化氯；PV碘；戊二醛 拌料：氟苯尼考粉；三黄散；免疫多糖或维生素C
歪头病	蛙头颅歪向一侧，眼球突出，有白膜障眼，不断地翻转挣扎	消毒：二氧化氯 拌料：氟苯尼考粉
爱德华氏病	蛙体黏液严重受损，背部有大小和明暗不一的白斑	消毒：PV碘 拌料：恩诺沙星（幼蛙）或者硫酸新霉素粉（成蛙）；氟苯尼考粉
腐皮病	蛙体皮肤腐化、糜烂	消毒：二氧化氯 拌料：复方磺胺嘧啶粉（水产用）
腹水与巨泡病	①腹水症：腹部膨大，腹内有一个很大的水囊，水囊内有浅黄色或鹅白色的败水；②巨泡病：蛙后大腿有巨大的水泡，也有少数蛙背部或头部鼓起大小不一的水泡	消毒：二氧化氯 拌料：三黄散；维生素C
肠炎	蛙摄食减退、活动减弱，饵料台上常有较多的稀便或水便	消毒：PV碘 拌料：恩诺沙星；大蒜素
寄生虫	瘦弱无力，活动迟缓	拌料：阿苯达唑粉（水产）

表2 泥鳅常见寄生虫和病害、症状及防治药剂

病名	症状	防治药剂
寄生虫	浮于水面，急躁不安或在水面打转	拌料：阿苯达唑粉（水产）
气泡病	浮于水面，肚皮鼓起似气泡	外用调水：光合细菌；枯草芽孢杆菌制剂 拌料：食盐；EM菌；乳酸菌

（续表）

病名	症状	防治药剂
赤鳍病	浮于水面，动作呆滞、缓慢、反应迟钝，鳍及腹部皮肤溃烂	拌料：复方磺胺嘧啶粉（水产用）
打印病	尾柄两侧有椭圆、圆形红斑	消毒：二氧化氯；硫醚沙星

表 3　鱼常见病害、症状及防治药剂

病名	症状	防治药剂
赤皮病	体表局部或大部发炎，溃烂，鳞片脱落，鳍条破损	消毒：二氧化氯；硫醚沙星 拌料：复方磺胺嘧啶粉（水产用）
烂鳃病	体色特别是头部发黑，鳃盖内表皮被腐蚀成近圆形小区，鳃丝末端发白腐烂并拖有污物	消毒：二氧化氯；硫醚沙星；PV 碘；戊二醛
肠炎	体色发黑，腹部膨大，肛门红肿、外突，将鱼提起时，有浓血黏液流出；肠内有大量黄色浓血黏液	消毒：PV 碘 拌料：恩诺沙星；大蒜素

9　捕捞

9.1　捕捞时间

9.1.1　青蛙

8 月下旬开始分批捕捞成蛙。

9.1.2　泥鳅

8 月下旬开始至初冬，根据市场价格、泥鳅品质等综合因素，确定捕捉时间。

9.1.3　鱼

8 月下旬开始至 10 月中上旬，根据市场价格、鱼的品质等综合因素，确定捕捉时间。

9.2　捕捞方法

9.2.1　青蛙

以夜间灯光照捕，用较软的布兜捕捞，不可用手或网兜，以防病菌感染和机械损伤，提高小蛙成活率。

9. 2. 2 泥鳅

捕捞前停喂饲料 1d，放掉池水至 30cm 左右，按 10 个/亩放置长形地笼，诱捕成鳅。

9. 2. 3 鱼

在围沟某一处放下拉网，捕捞成鱼。

水稻—羊肚菌轮作技术规程

前　言

水稻—羊肚菌轮作是以传统一季水稻种植为基础，充分利用冬闲田种植羊肚菌的高经济效益的模式。羊肚菌作为世界三大珍稀食用菌之一，具有高食用、药用价值和经济价值。水旱轮作能够有效降低田间病虫害的发生率，从而保障羊肚菌的产量和品质；羊肚菌种植后土壤中残余的大量菌丝和菌脚以及外援营养袋可作为天然有机肥，为水稻的生长提供多种营养成分，减少化肥的施用量，提升稻米品质。该模式将有效降低种植成本，进一步提高稻田综合效益，解决农村冬季农田闲置和农民就业问题，促进地方经济尤其是县域经济发展。为科学规范水稻与羊肚菌轮作，有效指导农业生产应用，特制定本文件。

1　范围

本文件规定了一季水稻与羊肚菌轮作的产地环境与要求、生产管理、菇床处理、常见病虫草害防治等内容。

本文件适用于黄冈市水稻—羊肚菌轮作技术操作，其他条件相似的地区亦可参照使用。

2　规范性引用文件

下列文件中的内容通过文中的规范性引用而构成本文件必不可少的条款。其中，注日期的引用文件，仅该日期对应的版本适用于本文件；不注日期的引用文件，其最新版本（包括所有的修改单）适用于本文件。

GB 4404.1　粮食作物种子　第1部分：禾谷类

GB 4455　农业用聚乙烯吹塑薄膜
GB 5084　农田灌溉水质标准
GB/T 8321　农药合理使用准则
GB 13735　聚乙烯吹塑农用地面覆盖薄膜
GB/T 19812. 1　塑料节水灌溉器材
NY/T 393　绿色食品农药使用准则
NY/T 496　肥料合理使用准则 通则
NY/T 1742　食用菌菌种通用技术要求
NY/T 2156　水稻主要病害防治技术规程
NY/T 5010　无公害农产品种植业产地环境条件
DB51/T 2464　羊肚菌等级规格

3　术语和定义

下列术语和定义适用于本文件。

3. 1　外援营养袋 external nutrient bag

内部装有按一定比例且混合均匀，适合羊肚菌生长所需营养物质。

3. 2　畦床 ridge-up bed

本规程中，畦床是用各种培养料铺成宽 80~100cm 栽培区域。

3. 3　轮作 crop rotation

本标准中的轮作特指在同一田块先种植水稻，收获后再栽培羊肚菌。

4　产地环境与要求

4. 1　产地环境

环境应符合 NY/T 5010 规定。

4. 2　灌溉用水

水稻种植和羊肚菌栽培灌溉用水应符合 GB 5084 的规定。

4.3 土壤条件

土壤质量应符合 NY/T 5010 标准的规定。

4.4 品种选择

水稻品种选择应符合 GB 4404.1 的规定，选择适宜本地种植的优质稻品种；羊肚菌菌种质量标准符合 NY/T 1742，且适应本地生长、抗逆性强、抗病虫害、高产优质、商品性好的种质。

5 生产管理

5.1 水稻

5.1.1 水稻种植

羊肚菌场地处理完毕后种植水稻。

5.1.2 施肥

原则上整个生育期不施肥，可根据苗情和叶色追施少量符合 NY/T 496 规定的肥料。

5.1.3 收获

参照本地常规水稻进行。

5.2 轮作准备

5.2.1 田间处理

将田间稻草、杂草、塑料等杂物清理干净，残余稻桩深耕还田，耕作深度 25~30cm。

5.2.2 土壤消杀

深耕前施撒生石灰 50~75kg/亩，暴晒 7~10d；覆盖塑料薄膜闷杀 10~15d。

5.2.3 畦床处理

田块四周挖排水沟，沟宽 30~40cm，深 30~50cm。沿着南北方向开挖畦床和畦沟，畦床宽度 80~100cm，畦沟宽度 40~50cm，深 20~25cm。将畦面耙疏松、细软，土块直径在 1~2cm。保证畦面土壤含水量达到 18%~22%，土壤 pH 值为 6.5~7.5。

5.3 羊肚菌

5.3.1 播种时间

在黄冈市辖区域内一般每年 11 月中下旬开始进行羊肚菌栽培。

5.3.2 播种方式

环境温度低于 20℃即可开始播种，菌种用量 150~200kg/亩。将菌块掰碎，混合 20%无菌水或凉白开和 0.3%磷酸二氢钾制成大田菌种，采取条播的方式，沿着畦床方向在畦床上搂 2~3 条，3~5cm 深播种沟，将大田菌种均匀撒在播种沟里，细土覆盖、耙平。

5.3.3 播种后管理

5.3.3.1 覆地膜

播种后，沿畦床方向覆盖黑色地膜，土块压两边，间隔 1m 左右留透气孔。地膜使用应符合 GB 13735 规定。

5.3.3.2 建拱棚

搭建拱棚，竹弓宽 70~90cm，高 70~80cm，80~100cm 一档，拱棚上铺遮阳网，遮光率 80%~90%。

5.3.3.3 置外援营养袋

播种后 7~10d，待白色菌丝长满畦面，即可开始均匀放置外援营养袋。按 0.5kg/袋放置 1 800~2 400袋/亩。放置方法是利用经过消菌的 5×5 钉排或者工具刀划开 8~10cm 左右口子，将打孔或划口的一面平放在畦床表面，稍用力压实，均匀摆放。重新盖上黑色地膜，沿畦床方向间隔 20cm 打 1~2 排孔，孔径 1cm。

5.3.3.4 发菌

外援营养袋放置后，在菇场四周排水沟撒少量生石灰。20~25d，掀开黑色地膜，菇床中间铺一条 1 寸普通壁厚 0.15~0.25mm 带有 0.5~1mm 孔径的软管滴灌带，滴灌带应符合 GB/T 19812.1 规定。出现少量羊肚菌原基时移开外援营养袋。菌丝生长最适温度控制在 18~22℃。低于 10℃，可在遮阳网上铺一层透明农用塑料薄膜，农用塑料薄膜应符合 GB 4455 规定。相对环境湿度控制在 65%~80%左右，培养期间保证土壤不发白，含水量控制在 15%~25%。每天通风 2~3 次，如果气温较低，选择中午温度高时通风。

5.3.4 出菇管理

5.3.4.1 催菇

移走外援营养袋 10d 后，加大通风，早晚棚内空气相对湿度维持在

85%~95%；喷大水、畦沟积少量水进行催菇处理。2~3h 后，及时排掉畦沟水分，避免积水。

5.3.4.2 出菇

羊肚菌出菇过程中，控制拱棚内温度 8~20℃，且不超过 25℃。土壤含水量控制在 18%~25%。每天上下午定时通风，每次 30min 左右。

5.3.5 收获与贮存

5.3.5.1 采收

当子实体菌帽褶皱充分展开时，及时采收，保持菌体干净。早期菇采收菌盖长度 5~7cm 为宜，中期菇采收菌盖长度 4~5cm 为宜，尾期菇采收菌盖长度 3~4cm 为宜。

5.3.5.2 鲜菇

采收后鲜品及时按照 DB51/T 2464 规定分级挑选，置于冷库中，冷库温度保持在 3~5℃，湿度保持在 70%~80%，3d 内及时鲜销。

5.3.5.3 烘制及贮存

初始阶段 35~45℃维持 3~4h；中期阶段每小时升温 2~3℃达到 50℃，3~4h；终期阶段维持温度 50~55℃，3~4h，直至含水量下降到 10%。烘干后按照 DB51/T 2464 规定进行分级、封装，置于干燥、阴凉、通风的环境进行贮存。

6 菇床处理

4 月底前，羊肚菌尾期菇结束。菇田残余菌丝和菌体全部翻耕还田作为天然有机肥，为水稻种植提供多种营养成分，提升稻米品质；外援营养袋破袋建堆，二次发酵作为水稻田底肥补充，可适当减少水稻季化肥使用量。

7 常见病虫草害防治

7.1 水稻种植

病虫害根据田间发生情况，以生物防治和物理防治为主。安装杀虫灯、释放天敌、性诱剂、种植鼠尾草、香根草等防治虫害。喷施生物农药防治病害，防治过程应符合 NY/T 2156 的规定。草害在育秧苗床上使用符合 GB/T 8321 规定的化学农药防治或直接后期田间人工拔除。

7.2 羊肚菌栽培

7.2.1 栽培前期

土地旋耕后暴晒 7~10d，撒生石灰 50~75kg/亩消杀或者喷洒广谱高效低毒杀虫杀菌剂，清除田间杂草、秸秆、稻茬等。农药使用应符合 NY/T 393 规定。

7.2.2 栽培期

其他病、虫、草害及防治措施参照表 1。

表 1 羊肚菌栽培期常见病、虫、草害及防治措施

来源	危害	防治措施
软体动物（蜗牛、蛞蝓等）	啃食土壤表面菌丝体 咬食菌柄基部和主干，子实体倒伏	通过人工捕杀清除软体动物 蛞蝓药剂进行防治措施：豆饼或炒香棉籽饼与敌百虫按 10：1 的比例制成毒饵，傍晚时候施撒 4~5kg/亩进行诱杀
白蚁	直接啃食菌种，造成严重损失	48%乐斯本乳油 1 000~1 500倍液喷淋防控 白蚁灵等药物控制
老鼠	嚼食菌种和幼菇； 传播病原菌	通过常规捕鼠或灭鼠手段防控
跳虫	嚼食羊肚菌菌丝； 钻进外援营养袋内繁衍生息，造成菌丝破坏和营养流失； 嚼食子囊果，使得被嚼食过的子囊果部位发育受阻，容易导致其他病害的发生	在有跳虫的地方小盆盛清水，等跳虫进入盆中后再换水诱杀，连续进行几次，可以有效减少虫口密度 用稀释 1 000~2 000 倍的氯氰菊酯进行喷施，可以有效杀灭跳虫
螨虫	为害菌丝体； 咬食子实体	杀螨剂处理畦面
菌蝇、菌蚊	咬食菌丝体和子实体；	悬挂粘虫的黄板 安装诱虫灯
草	减少羊肚菌产量	适当进行通风，降低土壤湿度
真菌	子囊果表面发霉，白色气生菌丝旺盛，从而使得菇体腐烂、死亡或畸形，严重影响品质	避免出菇时节长时间高温高湿，需加强这段时间的通风、降湿、降温，防控病害的发生 鬼伞、盘菌等及时拔除，喷洒少量生石灰水并掩埋 对于镰刀菌，可以使用克霉灵或硫酸铜进行防控
细菌性病	菌柄变红、腐烂、发臭	保持相对较低的土壤水分含量